Ecologically Prioritized Green Development in the View of Ecological Products Value Realization

生态产品价值实现视阈下
生态优先与绿色发展研究

盛 蓉 著

上海交通大学出版社

内容提要

　　生态产品价值实现是践行"两山"理论与生态文明的关键，本研究尝试在生态产品价值实现的视阈下，深入探讨如何实现生态优先与绿色发展目标。在研究内容上，以绿色发展转型中经济社会增长与生态环境质量的关系为逻辑起点，分析我国生态优先、绿色发展的演进趋势以及困境；在此基础上，从生态产品价值实现视域，揭示生态优先、绿色发展陷入困境的根源；随后从价值判断、价值构建和价值实现三个方面提出生态产品价值实现视域下生态优先、绿色发展的理论逻辑框架，并基于上海崇明生态岛生态优先、绿色发展的实践，分析地方生态产品价值实现在生态优先与绿色发展进程中的作用及经验。以期从生态产品价值实现视角扩展绿色发展的研究视域和理论体系，为在实践领域应对绿色转型发展问题、加速绿水青山转化为金山银山提供经验参照与决策支撑。

图书在版编目（CIP）数据

　　生态产品价值实现视阈下生态优先与绿色发展研究/
盛蓉著. —上海：上海交通大学出版社，2022.9
　　ISBN 978 - 7 - 313 - 27290 - 4

　　Ⅰ.①生… Ⅱ.①盛… Ⅲ.①生态环境建设-研究-
中国 Ⅳ.①X321.2

　　中国版本图书馆 CIP 数据核字（2022）第 152260 号

生态产品价值实现视阈下生态优先与绿色发展研究
SHENGTAI CHANPIN JIAZHI SHIXIAN SHIYUXIA SHENGTAI YOUXIAN YU
LÜSE FAZHAN YANJIU

著　　者：盛　蓉

出版发行：上海交通大学出版社　　　　地　　址：上海市番禺路 951 号
邮政编码：200030　　　　　　　　　　电　　话：021 - 64071208
印　　制：上海万卷印刷股份有限公司　经　　销：全国新华书店
开　　本：710mm×1000mm　1/16　　　印　　张：9.75
字　　数：151 千字
版　　次：2022 年 9 月第 1 版　　　　　印　　次：2022 年 9 月第 1 次印刷
书　　号：ISBN 978 - 7 - 313 - 27290 - 4
定　　价：68.00 元

序

　　生态文明建设理念生发于对大自然与人民美好生活的深切关怀，同时也是经济与社会可持续发展的重要驱动力。以党的十八大报告为开端，党和国家将生态文明建设放在突出地位，将其融入"五位一体"的总体布局；在党的十九大报告中提出"建设生态文明是中华民族永续发展的千年大计"。生态文明建设已成为我国未来发展的重要战略导向之一，需要"保持加强生态环境保护建设的定力"，以"生态优先、绿色发展"为目标，实现绿色高质量发展，为人民提供良好的生态环境福祉。习近平总书记提出"绿色青山就是金山银山"的科学论断，把生态文明建设提升到一个更高的境界，开启了生产、生活、生态空间深度融合的进程，提出了生态产品价值实现的客观要求。

　　在这样的背景下，本书尝试探讨以下问题：生态产品价值实现与生态环境质量和经济发展水平的关系如何？生态产品价值实现如何影响生态环境与经济发展的进程？从生态产品价值实现的角度推进生态优先与绿色发展，需要什么样的逻辑思路和实践路径？

　　本书从我国近十年生态环境、经济发展的实际状况出发，基于多维度的指标体系，呈现国家以及省级层面生态环境与经济发展的演变趋势，分析其中的波动、权衡现象可能对生态优先、绿色发展目标带来的负面影响；基于生态产品价值实现的视角，从一般生态系统服务的生态补偿以及生态型产业中生态附加值实现两种类型，探讨其对生态环境、经济发展的影响机理，探寻制约生态产品价值实现程度的根源，探究其背后的客观规律；尝试建构生态产品价值实现视角下的生态优先、绿色发展理论，提出生态产品需要释放其能动性，以生态环境资源的"不消耗、少消耗"为思路，在价值实现中逐渐减少对外部的依赖，向内寻找内驱力，从而获取生态环境、经济发展的双重红利。

　　本书通过思辨和实证相结合的方式展开，在我国生态环境质量与经济发展水平的现状研究中采集和运用了大量数据，在较大空间尺度的历史数据的基础上，探究生态产品价值实现的影响及机理。此外，还进行了小尺度的经验和实证案例研究，在理论建构之后，分析了上海崇明生态岛的实践案例，希冀提供现实案例的参照。

　　本书作者盛蓉是崇明生态研究院的科研人员，崇明生态研究院是华东师范大学在上海高校Ⅳ类高峰学科"岛屿大气与生态"支持下，协同复旦大学、上海交通大学和崇明区人民政府发起设立的专门服务于崇明世界级生态岛建设的实体科研机构。作者长期耕耘于生态环境理论探索，有着较为丰富的生态文明政策研究经验。

　　本书的出版有助于为生态产品价值实现，践行"绿水青山就是金山银山"理论提供学术参考。

　　是为序。

孙斌栋　教授

崇明生态研究院生态文明高端智库主任

华东师范大学中国行政区划研究中心主任

2022 年春

目　录

导　论

第一节　生态优先、绿色发展：保持加强
生态文明建设的战略定力

一、问题的提出

在生态环境危机与经济社会可持续增长的交叠施压下，人类社会面临着诸多挑战，工业革命以来的高污染、高消耗发展模式所引发的生态环境问题已成为潜在的反生产力因素，同时气候变暖、土壤和水污染、自然资源消耗殆尽、生物多样性丧失极大地威胁着人类的生存境况与健康。因而聚焦可持续性、谋求绿色发展已成为世界范围内的共识。

在我国，绿色发展是践行新时代中国特色社会主义生态文明建设思想的重要路径，是我国"十四五规划"和"二〇三五年远景目标"的重要战略支点，由此带来的良好生态环境将成为"经济社会持续健康发展的支撑点"和"人民生活的增长点"。碳达峰、碳中和被纳入生态文明建设整体布局，更凸显出绿色发展的重要价值。

绿色发展转型进程始终伴随着经济社会的发展与资源环境关系的变化及调整。一方面，经济社会系统的运转与财富增长建立在一定的资源环境消耗之上，如EKC假说认为早期经济高速发展会对环境造成较大损害；另一方面，资源环境保护在短期内可能对经济增长和居民就业有所

阻碍，① 但也有研究认为环境政策可在长期提高企业的创新能力和技术生产率，从而给经济发展带来利好，② 环保强度加大会对绿色技术效率提升产生促进作用。③ 同时，也有研究证据表明环保强度对工业绿色绩效可能产生抑制作用。④ 由此可知，经济社会发展与资源环境保护间存在着复杂的权衡效应⑤，仍未有定论，这构成了当前绿色发展理论与实践的内在矛盾及困境。这在本质上反映了我们需要更好地处理人与自然的关系。人对自然产生影响是通过一定的社会结构，即我们所构建的政治经济体系来进行的，而自然资源环境水平与经济社会发展的内在冲突，体现人与自然的关系存在一定程度的断裂，这将直接影响生产力水平提升和居民生态环境福祉。

习近平总书记指出：“建立在大量资源消耗、环境污染基础上的增长难以持久。”这就要求削减经济社会增长与生态环境质量之间的权衡效应，即经济发展更少地以资源环境为代价，环境规制也不必然有损经济利益，实现可持续的增长。习近平总书记强调：“现在，我们已到了必须加大生态环境保护建设力度的时候了，也到了有能力做好这件事情的时候了。一方面，多年快速发展积累的生态环境问题已经十分突出，老百姓意见大、怨言多，生态环境破坏和污染不仅影响经济社会可持续发展，而且对人民群众健康的影响已经成为一个突出的民生问题，必须下大气力解决好。另

---

① Frank Gollop, Mark Roberts. Environmental Regulations and Productivity Growth: the Case of Fossil-fueled Electric Power Generation [J]. *Journal of Political Economy*, 1983, 91 (4): 654 - 674; 郭启光, 王薇. 环境规制的治污效应与就业效应：“权衡”还是“双赢”——基于规制内生性视角的分析 [J]. 产经评论, 2018, 9 (2): 116 - 127.

② Michael Porter, Claas Van Der Linde. Toward a New Conception of Environment Competitiveness Relationship [J]. *Journal of Economic Perspectives*, 1995, 9 (4): 97 - 118; 沈能, 刘凤朝. 高强度的环境规制真能促进技术创新吗？——基于“波特假说”的再检验 [J]. 中国软科学, 2012 (4): 49 - 59.

③ 李丹青, 钟成林, 胡俊文. 环境规制、政府支持与绿色技术创新效率——基于 2009—2017 年规模以上工业企业的实证研究 [J]. 江汉大学学报（社会科学版）, 2020, 37 (6): 38 - 49.

④ 王丽霞, 陈新国, 姚西龙. 环境规制政策对工业企业绿色发展绩效影响的门限效应研究 [J]. 经济问题, 2018 (1): 78 - 81.

⑤ Prajal Pradhan, Luis Costa, Diego Rybski, et al. A Systematic Study of Sustainable Development Goal (SDG) Interactions [J]. *Earth's Future*, 2017, 5 (11): 1169 - 1179; Maryam Tahmasebi, Til Feike, Afshin Soltani, et al. Trade-off Between Productivity and Environmental Sustainability in Irrigated vs. Rainfed Wheat Production in Iran [J]. *Journal of Cleaner Production*, 2018, 174: 367 - 379; 马冰滢, 黄姣, 李双成. 基于生态-经济权衡的京津冀城市群土地利用优化配置 [J]. 地理科学进展, 2019, 38 (1): 26 - 37.

一方面，我们也具备解决好这个问题的条件和能力了。过去由于生产力水平低，为了多产粮食不得不毁林开荒、毁草开荒、填湖造地，现在温饱问题稳定解决了，保护生态环境就应该而且必须成为发展的题中应有之义。"① 这是新时代对于经济社会发展与生态环境保护关系的基本观点。

"生态优先、绿色发展"是我国绿色发展进程中对经济社会发展与生态环境质量关系的最新界定。习近平总书记指出："要探索以生态优先、绿色发展为导向的高质量发展新路子。"② 这是对我国生态文明建设和新发展理念的深化，代表着绿色协调发展的高级形态，凸显了生态环境在绿色发展中的优先地位。这意味着，在绿色转型进程中，处理好经济社会发展与资源环境保护的关系不仅需要消减两者间的权衡关系，实现两者的共赢，而且要更上一个台阶，以生态优先为战略导向实现绿色发展，旨在保持并加强生态文明建设的战略定力。

因此，需要继续探讨的是：首先，目前我国绿色发展转型中的经济社会发展与生态环境质量水平如何，有怎样的演变趋势？其次，存在哪些困境与问题？是否存在权衡效应？这些问题与生态产品价值实现水平是否有关？生态产品价值实现如何影响经济社会发展以及生态环境质量？制约生态产品价值实现提升的深层次原因又有哪些？其次在理论逻辑上，生态优先、绿色发展何以实现？生态产品价值实现能否以及如何支撑生态优先、绿色发展的进程？最后，在实践上，生态产品价值实现视域下的生态优先与绿色发展是否可以实现？上海崇明生态岛的生态优先、绿色发展案例中采取了何种举措，取得了何种效果？对这些问题的梳理和分析，将为我国实现生态优先、绿色发展战略目标提供生态产品价值实现视域的理论框架与实践经验。

二、研究意义

在经济社会转型以及协同应对生态环境问题的现实背景下，我国已开启生态优先、绿色发展的战略进程。其中，以生态产品价值实现的视阈深入研究

---

① 习近平. 习近平谈治国理政（第二卷）[M]. 北京：外文出版社，2017：392.
② 习近平总书记在参加十三届全国人大二次会议内蒙古代表团审议时的重要讲话（2019 年 3 月 5 日）[EB/OL]. http://cm.hlbrc.cn/info/100712675.htm，2022 - 4 - 18.

如何推进生态优先与绿色发展目标的实现，具有重要的理论价值和实践意义。

在理论价值上，以经济社会发展与生态环境保护的关系为逻辑起点，基于生态产品价值实现视阈的框架，分析目前绿色转型中经济社会发展与生态环境质量的现状，指出其中的问题及困境，揭示生态产品价值实现如何影响经济社会发展与生态环境质量。在此基础上，从生态产品价值实现出发，提出生态优先、绿色发展的理论逻辑，对生态优先、绿色发展目标下如何借助生态产品价值平衡好经济社会与生态环境间的关系进行理论建构，这进一步扩展了绿色发展的研究视域和理论体系。

在实践意义上，对当前经济社会发展与生态环境质量关系及趋势进行基本判断，以及对生态产品价值实现如何支撑生态优先、绿色发展进行实践案例分析，将为相关部门应对绿色低碳转型发展问题、加速绿水青山转化为金山银山（简称"两山"）提供经验参照与决策支撑。以党的十八大报告为开端，党和国家将生态文明建设放在突出地位，并开启生态文明顶层设计和制度体系建设。党的十九大报告指出："建设生态文明是中华民族永续发展的千年大计。必须树立和践行绿水青山就是金山银山的理念，坚持节约资源和保护环境的基本国策，像对待生命一样对待生态环境。"如何处理好经济社会发展与生态环境保护的关系是生态文明及绿色低碳转型进程的关键问题。本研究以全国 31 个省份为例，在较大范围内对绿色转型中经济社会发展与生态环境质量的演变进行了测算及分析，提供了对当前我国经济社会发展与生态环境水平演变的客观研判，揭示出目前生态优先、绿色发展的困境所在。在理论建构与分析之后，基于小尺度案例的分析，提供了上海崇明生态岛如何在生态产品价值实现视阈下实现生态优先、绿色发展目标的经验，为践行"两山"理论和生态文明提供实践案例的参照。

第二节　国内外研究现状

一、国内外研究综述

（一）绿色低碳发展中经济社会增长与生态环境质量关系的相关研究

自 19 世纪工业革命兴起，大规模的工业化和城市化首先在西方世界拉开序幕，自然环境和生活环境日益恶化。1972 年，联合国人类环境会议在瑞典首都斯德哥尔摩召开，110 多个国家和地区的代表共同探讨全球生态环境保护问题，会议通过《人类环境宣言》。1973 年，联合国环境规划署正式成立，20 世纪 90 年代后，可持续发展成为世界发展的主要议题之一。在可持续发展的背景下，绿色低碳发展理念与实践已贯穿于各主要的产业与领域，引发了研究者们的高度关注与讨论。

　　目前已有大量研究聚焦于主要产业及发展领域如何进行绿色低碳转型，主要有以下五个方面：一是制造业的绿色低碳转型。卡伊内利[①]认为工业绿色发展受到环境管理体系应用和公共资助的关键性影响；闫莹等[②]指出持续的创新投入和政策规制是工业绿色转型的决定性因素；史丹[③]提出应优化工业布局并加大绿色技术研发支持，刘世锦[④]提出以系统性绿色技术升级来驱动制造业绿色转型。二是能源领域的绿色低碳转型。马拉利等[⑤]认为能源绿色转型需要依靠公民的广泛参与；李少林等认为煤改气等能源政策应根据各地能源禀赋和消费结构循序推进。三是农业绿色低碳转型。[⑥] 金书秦等认为应关注农业机械能耗排放并增加农业农村发展的碳约束指标；[⑦] 巴布等认为农业绿色发展应推进技术研究和政策决策的交流整合；[⑧] 蒋海玲等提出政府应加强风险评估并及时补贴，而农户应明确绿色经营效益和意愿等。[⑨] 四是旅游业的绿色发展。布伦德豪格等通过对

① Giulio Cainelli, Massimiliano Mazzanti. Environmental Innovations in Services: Manufacturing-services Integration and Policy Transmissions [J]. *Research Policy*, 2013, 42 (9): 1595 - 1604.

② 闫莹，孙亚蓉，耿宇宁. 环境规制政策下创新驱动工业绿色发展的实证研究——基于扩展的 CDM 方法 [J]. 经济问题，2020 (8)：86 - 94.

③ 史丹. 中国工业绿色发展的理论与实践——兼论十九大深化绿色发展的政策选择 [J]. 当代财经，2018 (1)：3 - 11.

④ 刘世锦. 迎接碳中和，制造业如何绿色转型？[J]. 中国生态文明，2021 (2)：20 - 22.

⑤ Gerard Mullaly, Niall Dunphy, Paul O'connor. Participative Environmental Policy Integration in the Irish Energy Sector [J]. *Environmental Science and Policy*, 2018, 83：71 - 78.

⑥ 李少林，陈满满. "煤改气""煤改电"政策对绿色发展的影响研究 [J]. 财经问题研究，2019 (7)：49 - 56.

⑦ 金书秦，林煜，牛坤玉. 以低碳带动农业绿色转型：中国农业碳排放特征及其减排路径 [J]. 改革，2021 (5)：29 - 37.

⑧ Suresh Chandra Babu, George Mavrotas, Nilam Prasai. Integrating Environmental Considerations in the Agricultural Policy Process: Evidence from Nigeria [J]. *Environmental Development*, 2018, 25：111 - 125.

⑨ 蒋海玲，潘晓晓，王冀宁，等. 基于网络分析法的农业绿色发展政策绩效评价 [J]. 科技管理研究，2020 (1)：236 - 243.

挪威旅游业的研究，发现旅游业的绿色转型程度较低，其真正实现有赖于国家战略引导、制度与机制变迁、公众参与以及市政系统灵活规划的合力。[①] 五是企业层面低碳绿色转型。任相伟和孙丽文指出在宏观经济环境、中观产业及微观三个层面的共同驱动下，企业可采取战略性和创新性的绿色转型行为。[②]

此外，工业化时代的城市空间无序扩张与产业高速发展一样，也带来了大量的生态环境问题。城市发展是绿色低碳转型的主要领域，相关研究提出城市绿色发展首先是空间和交通的绿色化转向，[③] 继而应实现从技术、产业到消费和制度安排的全面低碳创新。[④] 此外，还有研究者聚焦可持续城市发展中的社会经济与环境协同管理，[⑤] 以及资源型城市的绿色化转型[⑥]等。近年来，区域尺度的可持续性框架日渐受到关注，[⑦] 曹依蓉研究发现东部区域绿色转型主要依赖低碳技术，而增长方式及环境投资不足则造成西部绿色发展的滞后。[⑧]

---

① Eivind Brendehaug, Carlo Aall, Rachel Dodds. Environmental Policy Integration as a Strategy for Sustainable Tourism Planning: Issues in Implementation [J]. *Journal of Sustainable Tourism*, 2017, 25 (9): 1257-1274.

② 任相伟，孙丽文. 低碳视域下中国企业绿色转型动因及路径研究——基于扎根理论的多案例探索性研究 [J]. 软科学，2020, 34 (12): 111-115+121.

③ Hens Runhaar, Peter Driessen, Laila Soer. Sustainable Urban Development and the Challenge of Policy Integration: An Assessment of Planning Tools for Integrating Spatial and Environmental Planning in The Netherlands [J]. *Environment and Planning B: Planning and Design*, 2009, 36: 417-431; Helene Dyrhauge. The Road to Environmental Policy Integration is Paved With Obstacles: Intra- and Inter-organizational Conflicts in EU Transport Decision-making [J]. *Journal of Common Market Studies*, 2014, 52 (5): 985-1001.

④ 陆小成. 我国城市绿色转型的低碳创新系统模式探究 [J]. 广东行政学院学报，2013, 25 (2): 97-100.

⑤ Nicolas Moussiopoulos, Charisios Achillas, Christos Vlachokostas, et al. Environmental, Social and Economic Information Management for the Evaluation of Sustainability in Urban Areas: A System of Indicators for Thessaloniki, Greece [J]. *Cities*, 2010, 27 (5): 377-384.

⑥ Wei Chen, Yue Shen, Yanan Wang. Evaluation of Economic Transformation and Upgrading of Resource-based Cities in Shanxi Province Based On an Improved TOPSIS Method [J]. *Sustainable Cities and Society*, 2018, 37: 232-240.

⑦ Sergiy Smetana, Christine Tamasy, Alexander Mathys, et al. Sustainability and Regions: Sustainability Assessment in Regional Perspective [J]. *Regional Science Policy and Practice*, 2015, 7 (4): 163-186.

⑧ 曹依蓉. 中国区域低碳绿色转型测度及影响因素分析——基于省级动态面板数据的实证研究 [J]. 商业经济研究，2015 (13): 56-58.

　　无论是产业领域，还是城市、区域的绿色低碳转型发展，其中的关键问题是经济社会发展与生态环境保护之间的关系。一方面，从经济发展影响生态环境的角度，EKC 假说认为早期经济高速发展会对环境造成较大损害；另一方面，从生态环境保护影响经济社会福利的角度，资源环境保护在短期内可能产生额外的成本，对其他产业增长的资源投入带来负面"挤出"效应，从而会在一定程度上减缓增长，这就在经济社会发展与生态环境保护间形成一定程度的此消彼长的权衡关系。

　　近期众多研究为这一权衡关系提供了实证研究的依据，指出权衡效应普遍存在于农业生产依赖的自然资源与乡村生计之间、[①] 生产力和环境可持续性之间、[②] 对外贸易与环境质量之间、[③] 粮食产量与生态效应之间、[④] 自然保护区生态与娱乐功能之间。[⑤] 相关研究还在多目标和情景分析下对土地利用领域的经济与生态效应权衡关系进行了探讨。[⑥] 对绿色发展权衡效应问题的研究仍在不断发展中。

　　但同时，这种权衡效应又极具复杂性。以波特假说代表，该研究认为由于环境规制从长期来看可以提高企业的创新能力，从而提高企业技术生产率，因此也可以促进经济的增长。[⑦] 这就在提高生态环境质量的前提下同时获得了经济发展的利好，一定程度上削减了这种权衡效应。近期相关

① Francesca Recanati, Andrea Castelletti, Giovanni Dotelli, et al. Trading off Natural Resources and Rural Livelihoods. A Framework for Sustainability Assessment of Small-scale Food Production in Water-limited Regions [J]. *Advances in Water Resources*，2017，110：484 - 493.

② Maryam Tahmasebi, Til Feike, Afshin Soltani, et al. Trade-off Between Productivity and Environmental Sustainability in Irrigated vs. Rainfed Wheat Production in Iran [J]. *Journal of Cleaner Production*，2018，174：367 - 379.

③ Manasi Gore, Meenal Annachhatre. Trade-off Between India's Trade Promotion and its Environmental Sustainability [J]. *European Journal of Sustainable Development*，2019，8（3）：405 - 417.

④ 谢一茹，高培超，王翔宇，等. 经济发展预期下的粮食产量与生态效益权衡——黑龙江省土地利用优化配置 [J]. 北京师范大学学报（自然科学版），2020，56（6）：873 - 881.

⑤ 许荔珊，敖长林，毛碧琦，等. 自然保护区管理中生态与娱乐属性的权衡：一个选择实验的应用 [J]. 生态学报，2020，40（12）：3944 - 3954.

⑥ 刘超，许月卿，卢新海. 生态脆弱贫困区土地利用多功能权衡/协同格局演变与优化分区——以张家口市为例 [J]. 经济地理，2021，41（1）：181 - 190.

⑦ Michael Porter, Claas Van Der Linde. Toward a New Conception of Environment Competitiveness Relationship [J]. *Journal of Economic Perspectives*，1995，9（4）：97 - 118；沈能，刘凤朝. 高强度的环境规制真能促进技术创新吗？——基于"波特假说"的再检验 [J]. 中国软科学，2012（4）：49 - 59.

研究主要关注并讨论了削减权衡效应可能需要的背景及条件，如赵子健等指出碳交易及抵消政策在低碳产业比例较大的产业结构环境下可以获得经济增长与碳减排的双赢；[①] 王丽霞等研究发现当环境政策强度低于某一临界值时，工业企业绿色发展绩效会提升，而高于这一临界值则会产生反向作用；[②] 但李丹青等发现生态环境保护的加强使得工业企业绿色技术创新效率先下降后上升，呈现出与前一研究结论相反的 U 形发展趋势。[③]

总体而言，绿色低碳转型中经济社会发展与生态环境保护之间的权衡关系确实存在，但是也有大量研究表明这种权衡关系在一定条件下可以被削减，并获得经济发展与资源环境保护的双赢。

（二）生态优先的相关研究

以经济社会增长与生态环境质量间的关系为逻辑起点，优先将生态环境保护置于首位，这将使得绿色低碳转型中的权衡关系发生一些变化，在两者共赢发展中更加凸显出生态环境的优先和主导地位。国内外研究者从以下视角取得了可资借鉴的一系列成果。

从生态优先的现状视角，王毅鑫等在生态优先视域下对黄河流域各省水足迹与 GDP 分异进行了测评与分析；[④] 周滔和林书伟对我国省域生态优先、绿色发展的效率进行了测评，提出质稳效降、质升效低、质低效升三条典型发展路径；[⑤] 盛蓉基于生态城市案例对生态优先进行了测度，分析了生态优先的时空分异性与困境。[⑥]

从生态优先的变迁视角，涂成悦和刘金龙认为，中国林业发展在现

① 赵子健，田谧，李瑾，等. 基于抵消机制的碳交易与林业碳汇协同发展研究 [J]. 上海交通大学学报（农业科学版），2018，36（2）：90-98.
② 王丽霞，陈新国，姚西龙. 环境规制政策对工业企业绿色发展绩效影响的门限效应研究 [J]. 经济问题，2018（1）：78-81.
③ 李丹青，钟成林，胡俊文. 环境规制、政府支持与绿色技术创新效率——基于 2009—2017 年规模以上工业企业的实证研究 [J]. 江汉大学学报（社会科学版），2020，37（6）：38-49.
④ 王毅鑫，王慧敏，刘钢，等. 生态优先视域下资源诅咒空间分异分析——以黄河流域为例 [J]. 软科学，2019，（1）：50-55.
⑤ 周滔，林书伟. 中国省域"生态优先，绿色发展"状态-效率演化研究 [J]. 西南师范大学学报（自然科学版），2021（5）：44-54.
⑥ Rong Sheng. Coordination, Harmonization or Prioritization in Environmental Policy Integration: Evidence from the Case in Chongming Eco-island, China [J]. *Journal of Environmental Planning and Management*，2021，64（13）：2365-2385.

实、政治和政策多源流的基础上实现了从经济优先到生态优先的历史性转变；① 如哈尔认为生态环境优先是从生态环境目标的协调与和谐发展而来，协调是为了避免环境目标与其他部门目标出现相互矛盾的情况，和谐意味着同等程度地考虑环境目标与其他部门目标，优先意味着在多目标政策中优先考虑环境损益；② 拉弗蒂和霍夫登则认为可持续发展与政策最初就应以生态环境损益为重，即在其他非环境领域中优先考虑环境目标，但实际执行中效果不理想，通常演变为协调甚至妥协。③

从生态优先的实际效果视角，Wang 等通过对长江经济带用地结构的优化模拟，认为生态优先模式可以减少超过 31% 的生态系统服务功能损失。④ 尽管生态优先策略预期对生态环境质量有积极的作用，但一些实证研究表明，实践中这一策略的效果是非常有限和间接的，⑤ 对环境损益的考虑很难处于经济发展领域决策的核心。⑥ 因此，研究者们基于各国主要产业或领域中生态环境的优先度进行了评估，基维马等基于芬兰技术发展与政策中的生态环境优先度，根据包容性、一致性、权重和成果报告等指标对政策周期内的战略、工具和结果进行了评估；⑦ 石井等基于阿里尔德·翁德达尔构建的理想模式，对比分析了日本和挪威生态环境政策优先的现状，及其与理想状态的差距；⑧ 巴布等研究了尼日利亚农业部门的生

① 涂成悦，刘金龙. 中国林业政策从"经济优先"向"生态优先"变迁——基于多源流框架的分析 [J]. 世界林业研究，2020 (5)：1-6.

② Hens Runhaar. Tools for Integrating Environmental Objectives Into Policy and Practice：What Works Where? [J]. *Environmental Impact Assessment Review*，2016，59：1-9.

③ William Lafferty，Elisabeth Masdal Hovden. Environmental Policy Integration：Towards an Analytical Framework [J]. *Environmental Politics*，2003，12 (3)：1-22.

④ Weilin Wang，Limin Jiao，Qiqi Jia，et al. Land Use Optimization Modelling with Ecological Priority Perspective for Large-scale Spatial Planning [J]. *Sustainable Cities and Society*，2021，65：1-13.

⑤ Mans Nilsson. Learning，Frames and Environmental Policy Integration：The Case of Swedish Energy Policy [J]. *Environment and Planning C：Government and Policy*，2005，23：207-226.

⑥ Karl Hogl，Daniela Kleinschmit，Jeremy Rayner. Achieving Policy Integration Across Fragmented Policy Domains：Forests，Agriculture，Climate and Energy [J]. *Environment and Planning C-Government and Policy*，2016，34 (3)：399-414.

⑦ Paula Kivimaa，Per Mickwitz. The Challenge of Greening Technologies：Environmental Policy Integration in Finnish Technology Policies [J]. *Research Policy*，2006，35 (5)：729-744.

⑧ Atsushi Ishii，Oluf Langhelle. Toward Policy Integration：Assessing Carbon Capture and Storage Policies in Japan and Norway [J]. *Global Environmental Change-Human and Policy Dimensions*，2011，21：358-367.

态环境目标优先程度，采用政策阶段评估模型，评估了在议程设置、设计、采纳、实施和评估等环节的情况；[1] 津力贝在考察农业、能源和矿产、渔业、通讯等领域中生物多样性目标的优先情况后，认为虽然总体上各领域愿意做出保护生物多样性的承诺，但与各行业的政策实践仍较为疏离。[2]

从生态优先的影响因素视角，很多研究者意识到制度环境有着重要的建构作用，如：佩尔松认为高层政治意愿、社会支持、政策范式的转变和时间持久度等有助于生态环境优先政策的实施；[3] 欧洲环境署在此基础上补充了组织变革、能力建设、决策改进措施、执行工具、监测和其他信息支持等有利因素；[4] Ross 等通过研究澳大利亚生态环境政策，认为领导能力、文化变革也是重要因素。这些研究强调了生态环境优先与制度背景的关联。[5]

从如何实现生态优先的视角，陈洪全基于苏北生态优先绿色发展的案例分析，提出应加强生态＋业态、资源统一管理、创建生态特区等建议。[6] 此外，还有基于生态优先理念的对策研究，包括矿区水资源优化方案、[7] 滨海园林规划、[8] 交通发展策略、[9] 海岸带治理策略[10]等。

---

① Suresh Chandra Babu, George Mavrotas, Nilam Prasai. Integrating Environmental Considerations in the Agricultural Policy Process: Evidence from Nigeria [J]. *Environmental Development*, 2018, 25: 111 - 125.

② Yves Zinngrebe. Mainstreaming Across Political Sectors: Assessing Biodiversity Policy Integration in Peru [J]. *European Environment*, 2018, 28: 153 - 171.

③ Åsa Persson. Environmental Policy Integration: an Introduction [R]. Stockholm Environment Institute, 2004.

④ Andrew Jordan, Andrea Lenschow. Environmental policy integration: A State of the Art Review. European environment, 2010, 3: 147 - 158.

⑤ Andrew Ross, Stephen Dovers. Making the Harder Yards: Environmental Policy Integration in Australia [J]. *The Australian Journal of Public Administration*, 2008, 67 (3): 245 - 260.

⑥ 陈洪全. 苏北生态优先绿色发展的路径与机制研究 [J]. 盐城师范学院学报（人文社会科学版），2018 (4): 1 - 5.

⑦ Zhen Zheng, Panyue Zhang, Guangming Zhang. Multi-objective Optimal Allocation of Water Resources in Yangchangwan Mining Area Based On Ecological Priority [J]. *E3S Web of Conferences*, 2021, 260: 1 - 4.

⑧ Chuandong Yu, Jaecheol Kang. Planning of Landscape Gardens Based On Ecological Priority in Coastal Areas [J]. *Microprocessors and Microsystems*, 2021, 10: 3810.

⑨ 刘志伟. 基于生态优先理念的交通发展策略——以上海崇明为例 [J]. 交通与港航，2017 (2): 41 - 44＋80.

⑩ 张志峰，许妍，索安宁. 海岸带综合治理，怎样做到生态优先 [J]. 中国生态文明，2019 (4): 24 - 28.

二、已有研究的简要述评

总体而言，国内外学者对于绿色发展及权衡关系、生态优先已有一定的研究基础，提供了有价值的理论和经验借鉴，并且呈现出多学科交叉融合研究的趋势，基于多知识背景与研究视角，为绿色低碳发展特别是生态优先问题，提供了丰富的理论思考和实证案例。然而，在绿色低碳转型进程中，如何处理经济社会发展与生态环境间的关系，进一步实现生态优先、绿色发展还面临诸多不确定性，仍有待深入系统的研究。对此，需要进一步完善以下三个方面：

第一，在研究视角上，虽然有越来越多的研究强调其生态优先的导向，但实质上仍大多以生态与经济协调发展的范式进行。这说明现有研究仍是从经济发展的视角看待与生态环境的关系的，并未真正凸显生态优先的内在价值与能动性。

第二，在研究内容上，现有研究广泛探讨了绿色低碳发展转型以及生态环境优先的概念、现状、变迁、影响因素、政策策略等，但对于如何更好地实现生态优先与绿色发展目标，仍缺乏生态产品价值实现角度的探讨，需要揭示生态产品价值实现存在哪些影响，并阐明生态产品价值实现支撑生态优先、绿色发展的作用、理论逻辑和实践路径。

第三，在研究深度上，目前多数研究从现状与案例分析入手，对国家、区域、城市以及各主要产业的绿色低碳转型以及生态环境优先的现状进行研究，并在此基础上提出对策性建议，但整体来看，从学理上对生态优先、绿色发展内在机理与规律的研究较少，需要探讨借助何种理论框架与逻辑，才能进一步优化经济社会增长与生态环境保护的关系，实现生态优先、绿色发展的共赢。

第三节 主要研究内容和研究方法

一、主要研究内容

本研究以绿色发展转型中经济社会增长与生态环境保护的关系为逻辑

起点,在全国 31 省份范围内,分析其生态优先、绿色发展的现状和发展趋势;在此基础上,从生态产品价值实现视阈,揭示生态优先、绿色发展的困境及其原因;随后提出生态产品价值实现视域下的生态优先、绿色发展逻辑框架,并基于上海崇明生态岛生态优先、绿色发展的案例,进一步分析与验证以上理论框架的现实可行性。目前,较为系统地研究生态产品价值实现支撑生态优先与绿色发展的成果仍不多见,本研究不仅提供了理论建构的价值,同时具有实践案例的参考意义,将为实现"生态优先、绿色发展"的战略目标提供理论和实践的参照,服务于中国生态文明进程中的话语体系建构。

导论,以绿色转型发展中经济社会增长与生态环境保护间的关系为出发点,引出生态优先、绿色发展中生态产品价值实现的作用问题,基于生态产品价值实现的视角扩展绿色发展的研究视域及理论体系,从"两山"转化和绿色转型的决策支撑方面阐述研究这一问题的重要价值;围绕绿色转型发展中经济社会增长与生态环境保护关系及生态优先的国内外相关成果进行综述,阐明本研究的研究主旨和创新意义;此外,还介绍了研究思路及方法。

第一章,基于生态产品价值实现的视角,提出生态优先、绿色发展的分析框架,从价值判断、价值构建、价值实现三个方面,为后续研究提供框架与思路。

第二章,在全国 31 个省份范围内,探讨近 10 年来全国、区域,以及省级绿色转型发展中经济社会发展与生态环境质量的水平及演变,剖析我国目前在经济社会水平和生态环境质量方面存在的问题。

第三章,探讨生态产品价值实现是否与之有关,生态产品价值实现如何影响经济社会发展水平与生态环境质量等问题,然后进一步从价值判断、价值构建与价值实现三方面分析制约生态产品价值实现的深层次根源。

第四章,提出生态产品价值实现视域下的生态优先、绿色发展理论逻辑,在理论建构中提出生态产品内驱力牵引绿色生产和绿色生活协同演进、生态产品价值构建的社会性撬动、生态产品价值实现驱动生态优先、绿色发展的理论路径等思路。

第五章,分析崇明生态岛的生态优先、绿色发展案例,阐释其生态优先发展的政策历程、战略架构与价值理念，以及提升生态产品价值实现水平的举措，并基于实证模型，进一步验证以上理论的现实可行性，为生态产品价值实现视阈下的生态优先、绿色发展提供实践案例的参照。

二、研究思路和研究方法

对于以上研究内容，本研究遵循提出分析框架—剖析现状问题—揭示影响机理—构建理论逻辑与分析实践案例的思路展开。第一，提出生态产品价值实现视角的生态优先、绿色发展分析框架，包括价值判断、价值构建、价值实现三方面，用以分析经济社会发展与生态环境质量现状及关系；第二，对我国国家、区域，以及省级层面的经济社会发展与生态环境质量的发展趋势进行测评，把握整体以及省级层面的生态优先与绿色发展现状，剖析其中存在的问题与困境；第三，从生态产品价值实现视角分析其对经济社会发展与生态环境质量的影响及机理，分析生态产品价值实现的作用，并进一步探讨制约生态产品价值实现水平的原因；第四，基于生态产品价值实现视角的分析框架，构建如何实现生态优先、绿色发展的理论逻辑框架，从价值判断、价值构建和价值实现三个方面提出理论逻辑及思路；第五，分析上海崇明生态岛的生态优先、绿色发展案例，探讨其生态产品价值实现措施的影响与效果。各章节具体采用的研究方法如下：

（一）指数构建与测度

在第二章测度我国经济社会发展与生态环境质量水平及演变时，采用了综合指数构建与评价的方法。由于经济社会发展与生态环境质量水平各自所涉及的指标比较多，同时又需要考虑到 31 个省份和近十年数据的可得性以及可比性，因此分别在经济社会发展与生态环境质量中选取了若干关键指标，构建了经济社会发展指数和生态环境质量指数，通过熵权法确定了各指标权重，继而测算了全国、各主要区域，以及省级层面的经济社会发展指数水平和生态环境质量指数水平，在此基础上对我国经济社会发展和生态环境质量的现状以及演变趋势进行了分析。

（二）回归分析

在第三章揭示生态产品价值实现水平对经济社会发展与生态环境质量的影响时，运用了 GMM 动态面板分析模型与多层级线性回归模型的方法。一方面基于 31 个省份 2011～2019 年的相关数据采用 GMM 动态面板回归模型分析了不同类型生态产品价值实现是如何影响总体经济增长水平的，对三次产业又有什么样的影响；另一方面，基于 31 个省份 2011～2019 年的数据运用多层级线性回归模型将生态产品价值实现与经济社会发展水平同时纳入模型作为影响因素，分析两者对提升生态环境质量水平的作用。

（三）系统动力学模拟分析

在第五章分析生态产品价值实现视阈下生态优先、绿色发展的实践案例时，以上海崇明生态岛为例，梳理了生态优先、绿色发展的政策和战略框架，分析了生态产品价值实现的举措，进一步采用系统动力学模型构建了崇明生态岛绿色发展系统动力模型，通过设置不同的生态产品价值实现模拟情景，分析其对经济社会发展与生态环境的影响，这也是对第四章提出的生态产品价值实现支撑生态优先、绿色发展理论逻辑框架的实证分析与验证。

（四）案例分析

本书在全国 31 个省份范围内，测度我国经济社会发展与生态环境质量的现状，并且在揭示了生态产品价值实现对两者的影响之后，选取崇明生态岛以生态产品价值实现支持生态优先、绿色发展的实践进行案例研究，分析了其在生态立岛、生态优先方面的政策进程与战略，提炼出其在生态优先与绿色发展方面的价值理念，梳理了崇明在生态产品价值实现方面的措施与效果，最后基于崇明 2011～2019 年的数据构建实证模型，模拟分析了生态产品价值实现对绿色发展的影响及其趋势。

第一章

生态产品价值实现视阈下的
生态优先、绿色发展分析框架

第一节 为何要以生态产品价值实现为视角

一、生态产品生产是生态优先、绿色发展的重要表征

生态产品价值实现,是解决经济发展与生态环境保护矛盾的突破口。[①] 自 2010 年《全国主体功能区规划》正式提出"生态产品"的概念以来,这一理念逐渐进入生态文明建设进程,并成为重要的生态环境政策议题之一。2012 年,党的十八大报告提出"增强生态产品生产能力"。2017 年,党的十九大报告提出"要提供更多优质的生态产品"。2018 年,习近平总书记明确指出:"选择具备条件的地区开展生态产品价值实现机制试点。"[②] 2020 年 11 月,习近平总书记在全面推动长江经济带发展座谈会上指出:"要加快建立生态产品价值实现机制,让保护修复生态环境获得合理回报,让破坏生态环境付出相应代价。"[③] 2021 年 4 月,中共中央办公厅、国务院

[①] 李维明,杨艳,谷树忠,等. 关于加快我国生态产品价值实现的建议 [J]. 发展研究,2020 (3):60 - 65.

[②] 习近平:在深入推动长江经济带发展座谈会上的讲话 [EB/OL]. https://baijiahao. baidu. com/s? id=1603155874676602367&wfr=spider&for=pc,2018 - 6 - 13.

[③] 习近平在全面推动长江经济带发展座谈会上强调 贯彻落实党的十九届五中全会精神 推动长江经济带高质量发展 韩正出席并讲话 [EB/OL]. http://www. xinhuanet. com/politics/ leaders/2020 - 11/15/c _ 112674700. htm? id=128325,2020 - 11 - 15.

办公厅印发《关于建立健全生态产品价值实现机制的意见》，提出建立生态产品调查监测机制、生态产品价值评价机制、健全生态产品经营开发机制、生态产品保护补偿机制、生态产品价值实现保障机制和生态产品价值实现推进机制，标志着生态产品价值实现从局部试点进入全面推进阶段,[①] 也意味着生态产品价值实现将成为我国生态文明建设中的长效机制之一。

根据马克思对于劳动过程一般性质的阐述，"劳动是人类独有的一种有目的的活动，是人依靠自己的活动来引起、调整和控制人与自然之间的物质变换的过程",[②] 这个过程同时承载着"自然的人化"与"人的自然化"。

从生态产品视角来看，在"自然的人化"过程中，尊重自然规律的物质变换活动倾向于对生态环境的保护、留存与涵养，从而使得生态系统服务功能得到加强，同时，与生态环境密切相关的产业活动水平也随之提高；与此同时，"人的自然化"过程也因生态系统本身服务功能与相关产业水平的提升，而获得了更加美好的体验。经过这一劳动过程，这些生态产品具备了能够满足人类物质和精神需求的使用价值，并在此基础上实现其价值。

生态产品的生产，可以体现出在人在与自然的物质变换活动中保持的是何种态度和行为方式，是否强化了对生态环境的保护性活动，在人与自然、经济与自然的关系中是否秉持、践行了"生态优先、绿色发展"的理念。因此，生态产品生产是生态优先、绿色发展的重要表征，也是生态文明建设水平的重要标志。

二、生态产品价值实现是生态优先、绿色发展的关键助力

马克思指出："在劳动过程中，人的活动借助劳动资料使劳动对象发生预定的变化，过程消失在产品中，过程结束后的产品是一个使用价值，是适合人的需要而改变了形式的自然物质。"[③] 对于生态产品生产来说，劳动过程结束后，相关的劳动资料和劳动对象都具备了更加生态友好的内涵及形态，产品具备了某种使用价值，在其价值得到实现后，能够直接或间

① 李佐军，俞敏. 如何建立健全生态产品价值实现机制 [J]. 中国党政干部论坛，2021 (4)：63-67.
② 马克思. 资本论 [M]. 姜晶花，张梅，编译. 北京：北京出版社，2007：30.
③ 马克思. 资本论 [M]. 姜晶花，张梅，编译. 北京：北京出版社，2007：31.

接地支撑更多生态产品的生产，支持更多的生态环境保护性活动，进而持续调整社会经济与生态环境间的关系，实现生态优先、绿色发展的目标。

价值实现之后，在新的"自然的人化"过程中，一方面将有更多的生产要素被投入生态产品的再生产，使得生态产品的生产能够获得越来越多的收益，从而在保护生态环境的同时，能够获得经济收益；另一方面，社会经济发展中的农业、制造业、旅游业以及能源、交通、水利等部门的活动都与生态环境密切相关，生态产品生产，将对这些行业的高质量发展产生重要的积极影响，进而使得相关产业能够更好地为反哺生态环境保护提供支持。而在新的"人的自然化"过程中，人们也因获得了更多生态化的物质和精神体验，从而能将生产和生活方式进一步转变得更加绿色低碳，从社会文化层面更好地支撑生态优先、绿色发展。由此，生态产品价值实现成为生态优先、绿色发展战略目标的关键助推力，有助于保持和加强生态文明建设的战略定力。

第二节　生态产品价值实现的内涵

一、生态产品的界定及其属性

在我国，生态产品这一概念的出现带有较显著的政策导向性。2010年，国务院《全国主体功能区规划》将生态产品定义为"维系生态安全、保障生态调节功能、提供良好人居环境的自然要素，包括清新的空气、清洁的水源和宜人的气候等"。这一界定也一直为研究者们所沿用。在国外，相似的概念有生态系统服务（eco-system service）。戴利认为生态系统服务是指自然生态系统及其组成物种所提供的可以维持、满足人类需要的环境条件及过程。[1] 2005年，《千年生态系统评估》将生态系统界定为植物、动物和微生物群落以及作为功能单元相互作用的非生物环境的动态复合体，并认为生态系统服务是人类从生态系统所获得的益处。[2]

---

[1] Gretchen Daily. *Nature's Services：Societal Dependence on Natural Ecosystems* [M]. Washington，DC：Island Press，1997.

[2] Millennium Ecosystem Assessment. *Ecosystems and Human Well-being：Synthesis* [R]. Washington，DC：Island Press，2005.

一般来讲，生态产品在本质上等同于生态系统服务，^①但生态产品更加重视人类活动对生态系统生产的影响，^② 这是对生态产品核心含义的认识；而从广义上讲，生态产品可以扩展为包括生态农产品、生态工业品、生态旅游服务等绿色化设计和生产的产品。^③ 也有研究对生态产品价值进行了纵深化的界定和建构，将生态空间作为原始的一级生态产品，并将物质供给、支持、调节与文化服务等视为附着在生态空间之上的二级生态产品。^④ 这样，生态产品就具有了层次性。

生态产品及其价值形成一般经历了生态系统结构与过程—生态系统功能—生态产品—生态产品价值这一过程。^⑤ 生态产品作为生态环境资源存量转化而来的部分，同样具有生态系统服务的外部性和公共性两个基本特征，从自然属性来讲，还具有时空流转性、多重伴生性^⑥以及区域分异性^⑦等特点；从经济属性来讲，还具有不可分割性和质量取胜性；^⑧ 此外，基于公共性特征，生态产品及其价值实现还具有主体多元性和权力多向性等特征。^⑨

二、生态产品价值实现的内涵

生态产品价值实现，一方面可以持续地提升生态环境保护的水平；另

① 曾贤刚，虞慧怡，谢芳. 生态产品的概念、分类及其市场化供给机制 [J]. 中国人口·资源与环境，2014，24（7）：12 - 17.
② 周伟，沈镭，钟帅，等. 生态产品价值实现的系统边界及路径研究 [J]. 资源与产业，2021，23（4）：94 - 104.
③ 刘伯恩. 生态产品价值实现机制的内涵、分类与制度框架 [J]. 环境保护，2020，48（13）：49 - 52.
④ 宋猛，薛亚洲. 生态产品价值实现机制创新探析——基于我国市场经济与生态空间的二元特性 [J]. 改革与战略，2020，（5）：65 - 74.
⑤ 李宇亮，陈克亮. 生态产品价值形成过程和分类实现途径探析 [J]. 生态经济，2021，37（8）：157 - 162.
⑥ 李宇亮，陈克亮. 生态产品价值形成过程和分类实现途径探析 [J]. 生态经济，2021，37（8）：157 - 162.
⑦ 李宏伟，薄凡，崔莉. 生态产品价值实现机制的理论创新与实践探索 [J]. 治理研究，2020（4）：34 - 42.
⑧ 石敏俊. 生态产品价值的实现路径与机制设计 [J]. 环境经济研究，2021，（2）：1 - 6.
⑨ 丘水林，靳乐山. 生态产品价值实现：理论基础、基本逻辑与主要模式 [J]. 农业经济，2021（4）：106 - 108.

一方面基于生态资源存量的价值转化，也可以提升经济社会水平和人民生活福祉，为更好地处理经济社会发展和生态环境保护提供一个有价值的思路。本研究从以下三方面阐释生态产品价值实现的内涵。

（一）对生态系统服务价值论和生态资源要素化的扩展与整合

生态产品价值实现是基于生态系统服务价值论与生态资源要素化的进一步扩展和整合。其中生态系统服务价值论从价值来源上表明生态产品以生态系统服务的结构和过程为基础，是自然力和劳动力共同形成的，[①] 而生态资源要素化从价值去向上表明生态产品需要作为一种生态型的生产要素，在政治-经济-社会-生态这一复杂的系统中实现其自身价值。

1. 生态产品价值实现的提出进一步丰富了生态系统服务价值论

根据联合国 2005 年 3 月 30 日发布的《千年生态系统评估报告》，生态系统服务价值主要包括产品供给服务（提供食物、水和木材等）、生态调节服务（调节气候、控制洪水、疾病、垃圾和水源质量）、生态文化服务（娱乐、美学和精神收益）以及生命支持服务（土壤形成、光合作用和养分循环等）。[②] 可以看出，以上范围与我国《全国主体功能区规划》将生态产品定义为"维系生态安全、保障生态调节功能、提供良好人居环境的自然要素"，基本是对应的。而生态产品价值实现的类型随着社会经济的发展也会发生变化。[③] 2021 年，我国《关于建立健全生态产品价值实现机制的意见》提出生态产品价值实现与生态环境敏感型领域密切相关，包括但不限于原生态种养、精深加工、数字经济、洁净医药、电子元器件、旅游与康养休闲融合发展以及废弃矿山、工业遗址、古旧村落等存量资源的文旅开发等。这表明除了一般生态系统服务外，生态产品价值的内容和类型趋于多样化，其价值实现具有很大的潜力。

2. 生态产品价值实现是对生态资源作为生产增值要素认识的进一步细化

习近平生态文明思想及"两山"理论将生态要素作为一种有别于传统

[①] 黎元生. 生态产业化经营与生态产品价值实现 [J]. 中国特色社会主义研究，2018 (4)：84 - 90.

[②] Millennium Ecosystem Assessment. *Ecosystems and Human Well-being：Synthesis* [R]. Washington，DC：Island Press，2005.

[③] 张林波，虞慧怡，李岱青，等. 生态产品内涵与其价值实现途径 [J]. 农业机械学报，2019 (6)：173 - 183.

意义上劳动力、资本与技术的新型生产要素。① 在三江源的实践案例中，生态要素与劳动、资本、技术同样构成了三江源水生态产品整个生产过程中必不可少的生产要素。② 可见，在理论和实践上，生态要素在生产增值中的作用都已经得到了认可。生态型生产要素与其他要素一样，都需要得到认定和要素回报。生态产品是基于生态资产存量产生的、为人类所需要和利用的流量产品。③ 生态产品的价值可以分解为自然资源价值、劳动价值、机会成本、剩余价值，价值分配主体对应自然资源所有权人、劳动投入者、自然资源使用权人、资本投入者。④ 因此生态产品价值实现是对生态要素参与生产并获得要素回报这一过程的具体化。

3. 生态产品价值实现是对生态系统服务价值论与生态资源要素化的整合

生态产品价值实现的过程，既包含生态系统服务的供给，也涉及生态价值如何起作用以及货币化。根据生态资源—生态资产—生态资本的一般思路，⑤ 生态资源具有自然属性，当具有稀缺性及明晰的产权时，就转化为生态资产；当投入生产过程作为增值要素时，就成为生态型的生产要素，会获得应有的要素价值回报。其中，生态产品成为在生态资源存量基础上形成的流量型产品，并通过补偿或生产增值方式实现流量价值。因此，生态产品价值实现是串联生态系统服务与生态资源要素化的过程，是对两者的整合。

(二) 主要有政府主导和市场机制两大实现方式

目前，生态产品价值实现的两大方式，即政府主导与市场机制。⑥ 生

---

① 孙博文，彭绪庶. 生态产品价值实现模式、关键问题及制度保障体系 [J]. 生态经济，2021，37 (6)：13-19.
② 蒋凡，秦涛，田治威. "水银行" 交易机制实现三江源水生态产品价值研究 [J]. 青海社会科学，2021 (2)：54-59.
③ 李宇亮，陈克亮. 生态产品价值形成过程和分类实现途径探析 [J]. 生态经济，37 (8)：157-162.
④ 周伟，沈镭，钟帅，等. 生态产品价值实现的系统边界及路径研究 [J]. 资源与产业，2021，23 (4)：94-104.
⑤ 张文明，张孝德. 生态资源资本化：一个框架性阐述 [J]. 改革，2019 (1)：122-131.
⑥ 石敏俊. 生态产品价值的实现路径与机制设计 [J]. 环境经济研究，2021 (2)：1-6. 曾贤刚，虞慧怡，谢芳. 生态产品的概念、分类及其市场化供给机制 [J]. 中国人口·资源与环境，2014 (7)：12-17.

态产品价值实现从政府单轨—市场辅轨—政府与市场双轨并行是一个渐进发展过程，① 可以说，这两类模式间的关系既有接续性又有并行性的特点。但由于生态环境治理本质上具有多主体共同参与的属性，因此在政府和市场模式外还存在社会资源的补充。具体来讲，生态产品价值实现需要依托的是以政府主导下的公—私—社合作机制为核心、多种价值实现机制并存的机制复合体。②

而从价值实现的具体形式来看，具有公共资源特性的生态产品，主要由政府主导，通过生态补偿、政府购买、税收调节等手段实现价值，而生态物质产品、生态文化服务、自然资源资产权属等则主要是通过市场交易机制实现其价值。③ 这里需要区分的是，生态物质产品、生态文化服务与自然资源资产权虽然均借助市场交易途径，但存在本质区别。自然资源权益类的生态产品是在一般生态系统服务的基础上，由于政府管制而引发了稀缺性，④ 进而将具有公共属性的一般生态系统服务转化为一种准公共物品，才具备了可交易性，比如污染排放权、碳排放权、用水权、用能权等，尽管这些产品通过市场交易实现了价值，但由于其产生具有浓厚的政策导向性，因此称之为准市场交易更为合适。

（三）以生态环境资源的积累和提升为价值目标

生态产品价值的实现，无论是在政府主导下给予补偿，还是借由市场交易进行，都与社会经济体系密切相关，可能是通过补偿间接获得经济利益，也可能是直接参与生产增值，但其最终仍是以生态环境资源的积累和提升为目的，从而为人民带来更多的生态环境福祉，同时提升资源富集地区居民的收入。虽然生态产品价值实现具有经济效应，但其初衷并非以新的方式促进经济增长。绿水青山转化为金山银山的初衷是为了更好地保护

---

① 李维明，杨艳，谷树忠，等. 关于加快我国生态产品价值实现的建议 [J]. 发展研究，2020
　（3）：60-65.
② 丘水林，庞洁，靳乐山. 自然资源生态产品价值实现机制：一个机制复合体的分析框架 [J].
　中国土地科学，2021，35（1）：10-17+25.
③ 李维明，俞敏，谷树忠，等. 关于构建我国生态产品价值实现路径和机制的总体构想 [J]. 发
　展研究，2020（3）：66-71.
④ 张林波，虞慧怡，郝超志，等. 国内外生态产品价值实现的实践模式与路径 [J]. 环境科学研
　究，2021，34（6）：1407-1416.

绿水青山，[①] 应反哺于自然资源的可持续管护、再造和修复。[②] 生态产品价值实现的收益主要用于对生态环境保护领域的反哺，这彰显了生态产品价值实现的基本价值目标。

第三节　生态产品价值实现视角的分析框架

基于上述生态产品价值实现的基本路径，从生态产品价值实现与经济社会发展和生态环境保护相关联的角度，提出本研究的分析框架。在价值判断上，生态产品价值实现作为生态环境资源的流量化表现，将促进生态环境优势向经济优势转化并实现共赢，是从第一个价值判断节点走向第二个价值判断节点的关键；在价值构建上，按照狭义和广义之分，将生态产品分为一般生态系统服务，以及具有生态附加值的其他物质产品及服务；在价值实现上，生态产品价值是在绿色社会与经济系统的互动中动态实现的，由此对生态环境质量与经济社会增长都会产生一定的影响。

一、价值判断：两个价值判断节点

生态优先与绿色发展首先是一个对生态环境进行价值判断问题，受到经济社会发展与生态环境质量相互作用的影响。这其中涉及两个关键性的价值判断节点，其中生态产品价值实现是从第一个价值判断节点走向第二个价值判断节点的关键，也直接影响到生态环境保护和人民生态环境福祉能否得到持续的经济社会发展的支持。

（一）第一个价值判断节点

人从自然界获取物质资料和能量，时刻在与自然界发生物质和能量的交换，自然物质在劳动中也构成了劳动对象与劳动材料。从某种意义上

---

① 李维明，杨艳，谷树忠，等. 关于加快我国生态产品价值实现的建议 [J]. 发展研究，2020 (3)：60 - 65.

② 金铂皓，冯建美，黄锐，等. 生态产品价值实现：内涵、路径和现实困境 [J]. 中国国土资源经济，2021 (3)：11 - 16＋62.

说，财富最初来源于自然界，任何不当、过度的生活和生产活动都会对资源环境产生一定程度的损害，人类社会与自然系统之间存在着相互影响、相互作用的耦合关系。

当资源环境损害达到一定的程度，进而影响到生产与生活，将出现第一个价值判断节点。此时，人们会采取一系列措施来缓解资源环境问题。这些政策措施可大致分为四种类型，即管控型政策、市场导向型政策、公众参与型政策、信息和技术支持型政策。[1] 这些政策工具的出现和运用在时间上存在接续性，满足了不同时期的政策需求。一般来讲，政府面对生态环境问题首先会制定某些禁令、排放标准、行业或地区的准入及退出机制，并且逐步以法律规范的形式提升政策能级。与此同时，政府会给出税收、收费的优惠政策，或以市场化的方式激励企业、个人参与生态环境的协同治理过程。公众参与型政策虽然出现较晚，但已成为推动社会绿色转型的重要手段，旨在通过示范、宣传教育等方式实现最大范围的社会参与。信息和技术支持型政策主要是指通过科学技术、知识、信息等为生态协同治理提供监测、参考、评估和改进等专业支持。

在通过以上方式来达到减少自然资源消耗、环境污染的目的的同时，经济活动对于生态环境的负面影响将逐渐减少，生态环境质量水平将出现不同程度的波动上升，同时资源环境消耗型的经济增长也会下降。但由于经济水平的变化受到复杂因素影响，在这一过程中总的经济增长也可能由于技术生产率提升等原因而同样出现增长趋势。总体而言，由于对生态环境系统采取了严格的保护措施，经济社会增长与生态环境质量间的相互影响程度可能会出现下降的趋势。

由此，第一个关键节点的价值判断后，经济社会发展与生态环境质量间的权衡关系也出现变化，即经济发展更少地以资源环境损害为代价，但资源环境规制的加强则降低了经济发展速度与水平。

---

① Lori Snyder Bennear, Rert Stavins. Second-best Theory and the Use of Multiple Policy Instruments [J]. *Environmental & Resource Economics*, 2007, 37 (1): 111-129. Åsa Persson, Katarina Eckerberg, Mans Nilsson. Institutionalization or Wither away? Twenty-five Years of Environmental Policy Integration under Shifting Governance Models in Sweden [J]. *Environment and Planning C-Government and Policy*, 2016, 34 (3): 478-495. 李挚萍. 20 世纪政府环境管控的三个演进时代 [J]. 学术研究, 2005 (6): 36-42.

（二）第二个价值判断节点

如果说第一个价值判断节点更多关注的是人对自然的影响，那么第二个价值判断节点，将更加聚焦于自然对人的作用。在上一阶段的活动中，由于各种生态环境治理与政策的影响，资源环境质量得到了不同程度的提升，"自然的人化"过程发生了巨大变革，但在"人的自然化"过程中，生态产品所带来的价值并未得到充分的重视与实现。

这一矛盾体现为，劳动过程中生态产品增加，对其他农产品、工业产品以及服务产品产生了一定的"挤出"效应。由于生态产品具有一定的公共性与外部性，其使用价值可能已被无偿占有，但价值没有得到实现，造成生态产品提供者经济收益的损失；同时，由于其他产品被"挤出"，总体经济增长也会受到负面影响。生态环境保护的举措虽然在一定程度上保护了资源环境免受不合理损害，但在价值创造与实现的链条上存在缺失。与其他农产品、工业产品和服务产品相比，生态产品的生产无法得到应有的经济收益及补偿。

因此，这里的关键在于第二个价值判断节点，即需要生态产品价值实现来驱动生态环境质量与经济社会发展的互动并进，使得生态环境与生态产品的生产成为社会经济发展的重要推动力，实现绿色低碳发展的共赢，从而达成真正意义上的、可持续的生态优先与绿色发展目标。

二、价值构建：一般生态系统服务与具有生态附加值的产品及服务

笔者将生态产品价值类型分为一般生态系统服务和具有生态附加值的其他物质产品及服务两大类。两者之间最显著的区别在于，前者是基于自身为人类提供服务价值的，而后者则需要将生态价值附加在其他产品以及文化服务上以实现自身的生态要素价值。

（一）一般生态系统服务

一般生态系统服务是生态产品较为核心和具有基础性的类别，是指水、林、地、大气等生态系统，在经过一定的维护、修复和保持过程后，能够起到供给、调节与支持的作用。其中，供给是指洁净的食物、水以及其他资源的提供；调节与支持是指良好的土壤保持、养分循环、污染净

化、气候调节、洪水调蓄、疾病控制、完整的生态系统功能等服务。一般生态系统服务具有显著的公共性特征。它并不是某种特定的生态产品，而是生态资源生产供给的不特定公共性生态产品的总和。①生态经济学家加勒特·哈丁（Garrett Hardin）指出公共土地、空间和资源为公众无序、过度取用，可能引发"公地悲剧"。②对于部分生态系统服务，如果其消费具有竞争性，也就是说，个人的消费可能会影响到其他人的消费和使用，该服务便具有了准公共性。公共性的生态产品一般主要通过政府补偿的形式实现其价值，而具有准公共性的生态产品也可以借助市场机制的形式进行交易，从而实现产业、区域间的转移支付。

（二）具有生态附加值和溢价性的其他物质产品及服务

这类生态产品作为一种生态型的生产要素，成为其他产品和服务的生产资料和条件。由于生态价值附加在其他产品和服务上，这些产品和服务在实现交换价值的同时也实现了生态要素的价值。这类生态产品的使用价值不能成为交换价值的物质载体，而是使其他载体产品及服务实现溢价。③最常见的就是生态农产品和生态文化旅游服务，在良好的生态环境中生产出的优质绿色农林产品在市场交易时实现了生态要素应有的溢价回报，而生态文化旅游、康养等服务以门票等形式进行交易后也实现了生态要素的价值。需要注意的是，由于粮食和农业的特殊性质，生态农产品的生产和销售在初期仍然需要政府的补贴，在市场和消费者购买力较为成熟的时候才能逐步提升生态要素依靠市场交易实现其价值的比重。在制造业领域，也有部分生态环境敏感型产业存在生态溢价的情况，如清洁医药，良好的生态环境是该行业进行生产的必要条件，也可以通过清洁医药产品的交易实现生态附加价值。存在争议的是，有一部分仿生化设计和改造的生态产品并不直接来源于自然界，因此并不属于真正的生态产品。④但除此之外，大部分生态化、绿色化改造后的其他产业产品也应纳入生态产品

---

① 张林波，虞慧怡，郝超志，等. 国内外生态产品价值实现的实践模式与路径 [J]. 环境科学研究，2021，34（6）：1407-1416.
② Garrett Hardin. The Tragedy of the Commons [J]. *Science*，1968，162（3）：1243-1248.
③ 张林波，虞慧怡，郝超志，等. 国内外生态产品价值实现的实践模式与路径 [J]. 环境科学研究，2021，34（6）：1407-1416.
④ 黄如良. 生态产品价值评估问题探讨 [J]. 中国人口·资源与环境，2015，25（3）：26-33.

的范畴。

三、价值实现：对生态环境质量与经济增长的影响

生态产品价值的实现需要参与到绿色发展经济体系中才能完成，这一过程将对生态环境质量和经济增长产生影响。由于价值的实现又与其价值构建的类型有关，因此可以通过一般生态系统服务、具有生态附加值的其他物质产品及服务两大类型来阐述其价值实现对生态环境质量和经济增长可能产生的作用和影响。

（一）对生态环境质量的影响

一般生态系统服务及其价值实现，是生态产品价值实现的第一种类型。其价值实现主要采取政府主导与市场为辅相结合的模式。生态补偿机制主要以政府为主导。这主要是因为资源环境问题的公共性与外部性使得大部分生态产品难以确权，无法进入市场机制进行交易。近年来，由相关政策和法律规范形成了一套日渐成熟、具有实践性的制度安排，基于一般生态系统服务价值，形成了一批具有准公共性的生态产品，如排污权交易、水权交易、碳排放权交易、碳汇交易等，通过准市场交易机制为生态产品价值的实现提供了重要补充。

在政府主导生态补偿进行的生态产品价值实现过程中，补偿资金对生态系统的维护和改善给予了基本的支持，补偿投入对生态环境质量的提升将产生较为积极的作用，直接影响到当地的生态环境品质。此外，生态产品作为制度性产品通过政府引导下的准市场机制实现价值时，相当于从其他行业、区域进行了转移支付，这种通过准市场机制实现的产业间和区域间的转移支付也将为生态环境建设提供额外的资金和支持，对生态环境质量的提升带来正面影响。

生态产品价值实现的第二大类型是以具有生态附加值的其他产品及服务通过市场交易机制实现。这类生态产品通过生态溢价的方式促进了其他产业的增长，这类产业活动获得增益时，将会对影响到产业经济活动的生态环境进行保护和涵养，通过投入一定的人力和资金，进一步维持良好的生态环境质量。从这个角度讲，对生态环境质量的改善是一个积极因素，

但同时较为活跃的产业经济活动对生态环境质量的影响具有两面性，会对生态环境质量带来一定程度的扰动，尤其是在生态环境敏感型产业发展的初期，也有可能对生态环境质量水平产生阶段性的负面影响。这需要更多的实证案例研究，来加以验证。

（二）对经济增长的影响

第一种基于一般生态系统服务的生态产品价值实现类型，对于经济增长的影响是间接的。由于在政府生态补偿或政府引导的转移支付情况下，补偿资金直接支付给自然资源的所有者或经营者以及生态环境的养护者，这些补偿投入是否对与之相关的经济活动起到作用具有不确定性。以绿色农林经济产品为例，目前其成本效益较低，其收益潜力尚未被完全挖掘。由于国内市场的需求和消费面较小，[①] 销售渠道单一、销量较低[②]等原因，这类产品收益得不到保障，更不容忽视的是要素配置不合理及高成本会给生产主体带来较大负担，[③] 且对外部补贴依赖程度较高。如果这些生态补偿进入相关经济发展领域，特别是农林经济领域，可能在一定程度上起到扶持作用。但如果对这种补贴依赖的程度越来越高，同时没有能够促使该领域的发展走入良性的循环，那么生态补偿也可能表现出一定的抑制作用。

第二种生态产品价值实现的类型是以其他产品或服务载体实现其生态附加值的价值，本质上是给生态环境资源赋予市场属性的过程。[④] 生态产品作为附加溢价价值通过市场机制实现价值时，相当于以生产要素的形式直接参与了生产增值及经济增长，对经济社会发展起到积极的促进作用。这一类型主要为生态环境敏感型产业，其中包括生态农产品、生态敏感型制造业、生态文化旅游及康养服务等。在农产品方面，生态农业条件下的农产品生产和销售可能实现溢价。[⑤] 在制造业方面，加工销售一体的生态

① 李晓虹. 浅谈上海地区有机农业发展现状及对策 [J]. 上海蔬菜，2019 (3)：81-82.
② 钟树旺，李彩霞. 农业供给侧结构性改革下农产品成本收益分析——以 A 农业公司小站稻为例 [J]. 天津农业科学，2020，26 (8)：35-40.
③ 王常伟，顾海英. 提升上海都市农业效益的若干思考 [J]. 上海农村经济，2017 (3)：4-9.
④ 宋猛，薛亚洲. 生态产品价值实现机制创新探析——基于我国市场经济与生态空间的二元特性 [J]. 改革与战略，2020 (5)：65-74.
⑤ 马小平. 新媒体时代农产品品牌营销新思维 [J]. 商业经济研究，2018 (9)：71-74.

工业也可以实现经济增长的目标,① 绿色工厂和绿色园区的创建有助于形成绿色制造体系并推动制造业的可持续性增长。② 在第三产业方面,可以挖掘生态产品的文化、科技、健康以及体育价值,③ 通过产业间的联动发展,推动第三产业增值。在以上的情况下,生态产品作为生态要素参与经济增值并实现其自身价值,都有促进相关产业发展的正面作用。但产业绿色化转型以及产业联动发展需要一个发展演变的过程,特别是在产业绿色转型初期,生态环境价值投入的成本较高,但市场可能还没有做好消化这些生态附加值的准备,从而为这类具有生态附加值的产品及服务销售带来一定的风险,从这个角度讲,这类生态产品价值及实现对经济增长的作用也可能并不显著。

① 董战峰,张哲予,杜艳春,等. "绿水青山就是金山银山"理念实践模式与路径探析 [J]. 中国环境管理,2020 (5):11-17.
② 李佐军,俞敏. 如何建立健全生态产品价值实现机制 [J]. 中国党政干部论坛,2021 (4):63-67.
③ 李洁. 美丽中国视域下生态产品价值实现的经验与路径 [J]. 江南论坛,2021 (6):10-12.

第二章
我国生态优先、绿色发展水平演变与问题

第一节 我国经济社会发展与生态环境质量的综合指数

当前，绿色低碳转型发展已成为全球各国走出资源环境困局并实现可持续发展的必然选择。自 19 世纪后城镇大规模工业化所带来的生态环境问题进一步升级，以高速经济增长为目标的发展模式所带来的问题日益显现，长期的粗放发展和高污染模式给环境带来了不可逆的损害。1992 年，172 个国家的领导人聚集里约热内卢，召开联合国环境与发展大会，明确提出环境保护应与经济发展相协调，会议讨论并通过了《里约环境与发展宣言》《21 世纪议程》和《关于森林问题的原则声明》，签署联合国《气候变化框架公约》和《生物多样化公约》，走可持续发展的道路逐渐成为全球性共识。

在此次会议期间，我国政府向联合国环境与发展大会提交了《中华人民共和国环境与发展报告》，基于我国环境与发展情况阐明了我国在可持续发展领域的基本观点。并于 1994 年发布《中国 21 世纪议程——中国 21 世纪人口、环境与发展白皮书》，提出我国未来可持续发展的战略框架。1992 年里约联合国环境与发展大会是继 1972 年斯德哥尔摩联合国人类环境大会后影响力最大、级别最高的全球环境峰会。在峰会上，我国表明了在全球生态环境治理领域的基本态度。

近年来，我国在全球环境气候和生态治理事务中也做出了积极的回

应。2015 年 11 月，习近平总书记在气候变化巴黎大会开幕式上提出携手构建合作共赢、公平合理的气候变化治理机制。他说："中国一直是全球应对气候变化事业的积极参与者……中国坚持正确义利观，积极参与气候变化国际合作……为加快支持力度，中国在今年 9 月宣布设立 200 亿元人民币的中国气候变化南南合作基金，并将于明年启动在发展中国家开展 10 个低碳示范区、100 个减缓和适应气候变化项目及 1 000 个应对气候变化培训名额的合作项目，继续推进清洁能源、防灾减灾、生态保护、气候适应型农业、低碳智慧型城市建设等领域的国际合作。"[①] 2016 年 9 月，我国率先发布《中国落实 2030 年可持续发展议程国别方案》。《2030 年可持续发展议程》是 2015 年 9 月举行的联合国发展峰会的主要成果，是当前国际发展领域的纲领性文件，核心内容涵盖经济、社会、环境等三大领域的 17 项目标和 169 项具体目标。[②] 我国在绿色低碳转型方面不断推进，并且取得了很大进展。本章将首先通过综合指数测度的方法呈现我国经济社会发展与生态环境质量的水平与演变，并在此基础上找出目前我国绿色低碳转型中存在的问题及困境，探究产生原因。

一、我国经济社会发展与生态环境质量指标体系

这里，采取综合指数构建的方法来测度我国经济社会发展与生态环境质量水平及演变。基于以往相关研究以及数据收集的实际情况，在经济社会发展和生态环境质量两个类别中各选取 6 个指标，即经济社会发展方面包括 GDP 增长率、一般公共预算收入增长率、固定资产投资增长率、社会消费品零售总额增长率、城镇居民家庭人均可支配收入和农村居民家庭人均可支配收入；生态环境质量方面则包括环境空气质量优良率、环境噪声平均等效声级、工业废水排放增加率、工业固废综合利用率、森林覆盖率和建成区绿化覆盖率，一共包括 12 个指标，如表 2 - 1 所示。

---

① 习近平. 习近平谈治国理政（第二卷）[M]. 北京：外文出版社，2017：527 - 531.
② 中方发布《中国落实 2030 年可持续发展议程国别方案》[EB/OL]. http://www.fmprc.gov.cn/web/zyxw/t1405173.shtml，2016 - 10 - 12.

表 2-1　经济社会发展和生态环境质量的指标体系构建

目标层	指标层
经济社会发展（A1）	GDP 增长率（%）（B11）
	一般公共预算收入增长率（%）（B12）
	固定资产投资增长率（%）（B13）
	社会消费品零售总额增长率（%）（B14）
	城镇居民家庭人均可支配收入（RMB yuan）（B15）
	农村居民家庭人均可支配收入（RMB yuan）（B16）
生态环境质量（A2）	环境空气质量优良率（%）（B21）
	环境噪声平均等效声级（B22）
	工业废水排放增加率（%）（B23）
	工业固废综合利用率（%）（B24）
	森林覆盖率（%）（B25）
	建成区绿化覆盖率（%）（B26）

注：环境空气质量选用 AQI，因这一新标准是从 2013 年开始执行，因此 2011 年和 2012 年数据按照缺失值处理。

数据主要采集自中国和各省份的统计年鉴、（生态）环境状况公报、国民经济和社会发展统计公报，同时以国家统计局数据、中国统计年鉴、中国统计摘要、中国环境统计年鉴以及相关省份国土绿化状况公报作为补充和对比甄别，数据收集的时段为 2011~2019 年。对于个别数据缺失情况，采取邻近数据补足。

此外，由于各指标的量纲不同，采用以下的极值法对数据进行标准化处理。

$$X_{ij}^* = \frac{X_{ij} - X_{ij\min}}{X_{ij\max} - X_{ij\min}}（正向意义指标）$$

$$X_{ij}^* = \frac{X_{ij\max} - X_{ij}}{X_{ij\max} - X_{ij\min}}（反向意义指标）$$

这一标准化方法在标准化数据矩阵中会产生零值，本文将零值转化为 0.001，既符合极值法标准化数据的要求，又避免后续分析结果产生大的偏差。

二、我国经济社会发展与生态环境质量指标权重

本文采用熵权法确定各指标权重。熵权法是指数构建环节中常用的客观赋权法之一，其优势在于能够避免确定权重过程中的主观性，让数据矩阵的内部信息确定各指标权重，计算方法如下。

$$p_{ij} = \frac{X_{ij}^{*}}{\sum_{i=1}^{n} X_{ij}^{*}}$$

$$E_j = -\ln(n)^{-1} \sum_{i=1}^{n} p_{ij} \ln p_{ij}$$

$$(i = 1, \ 2, \ \cdots, \ n; \ j = 1, \ 2, \ \cdots, \ m)$$

$$W_j = \frac{(1 - E_j)}{\sum_{j=1}^{m} (1 - E_j)}$$

$$(j = 1, \ 2, \ \cdots, \ m)$$

其中，E 为各指标的熵值，而 W 为各指标的熵权。然后，经标准化处理的数据矩阵与各指标熵权通过连加数据整合的方法，计算出 2011～2019 年经济社会发展和生态环境质量各自的指数水平，如下式所示。

$$A = \sum_{j=1}^{m} W_{ij}^{*} * W_j$$

表 2-2 是我国国家层面的经济社会发展与生态环境质量指标体系的指标权重结果。结果表明，我国国家层面的经济社会发展指数水平受固定资产投资增长、一般公共预算收入增长以及 GDP 增长率的影响较大，同时由于东部城镇化和商业经济的拉动，社会消费品零售额的增长因素对整体经济社会指数水平的影响程度也较高。对于国家层面的生态环境质量指数水平，环境噪声声级和空气质量优良水平的权重较大，但是影响力最大的指标仍与工业废水的排放相关，反映出工业环境治理的水平仍是制约生态环境品质提升的较大挑战之一。

表2-2　国家层面的指标权重结果

目标层	指　　标　　层	指标权重
经济社会发展（A1）	GDP增长率（%）（B11）	0.0787
	一般公共预算收入增长率（%）（B12）	0.1027
	固定资产投资增长率（%）（B13）	0.1115
	社会消费品零售总额增长率（%）（B14）	0.0757
	城镇居民家庭人均可支配收入（RMB yuan）（B15）	0.0648
	农村居民家庭人均可支配收入（RMB yuan）（B16）	0.0613
生态环境质量（A2）	环境空气质量优良率（%）（B21）	0.1034
	环境噪声平均等效声级（B22）	0.1162
	工业废水排放增加率（%）（B23）	0.1315
	工业固废综合利用率（%）（B24）	0.0531
	森林覆盖率（%）（B25）	0.0732
	建成区绿化覆盖率（%）（B26）	0.0280

　　表2-3（1）是华北地区5个省份的指标权重结果。具体来讲，本研究中北京的经济社会发展指数水平受到城镇和农村居民家庭人均可支配收入这两个指标影响最大，而受到固定资产投资增长的影响最小，反映出城市在经历较快经济增长后已具备较好的发展基础，较多关注社会经济发展的公平性和人民福祉，城乡居民收入稳步提升；天津经济社会发展指数水平中权重最大的是GDP增长率和城镇居民家庭人均可支配收入，而影响最小的是社会消费品零售总额增长，表明社会消费和经济活力水平的波动较大；对河北的经济社会发展指数影响最大的因素是GDP增长和固定资产投资增长，影响最小的是农村居民家庭人均可支配收入，在与北京和天津的对比下，河北总体上还处于经济社会建设和积累期，同时其农村居民家庭收入水平大幅提升；对于内蒙古和山西来讲，经济社会发展指数中权重最高的是社会消费品零售总额增长，GDP增长率也是影响较大的因素，而公共预算收入增长这一因素则影响较小，表明这两地的经济增长和市场活力水平较为稳定，但公共预算因素的影响波动较大。

表 2-3（1） 华北地区省级层面的指标权重结果

目标层	指标层	权　重				
		北京	天津	河北	内蒙古	山西
经济社会发展（A1）	（B11）	0.059 8	0.108 0	0.169 5	0.089 6	0.074 9
	（B12）	0.069 1	0.062 6	0.045 1	0.041 6	0.072 0
	（B13）	0.050 5	0.049 0	0.105 6	0.042 0	0.082 1
	（B14）	0.069 3	0.045 3	0.072 7	0.095 2	0.113 6
	（B15）	0.071 0	0.093 3	0.059 1	0.070 5	0.070 4
	（B16）	0.079 2	0.071 2	0.044 9	0.057 3	0.076 0
生态环境质量（A2）	（B21）	0.293 0	0.120 7	0.103 3	0.249 3	0.144 6
	（B22）	0.050 8	0.069 8	0.080 4	0.070 8	0.049 2
	（B23）	0.072 6	0.097 9	0.078 8	0.091 6	0.043 8
	（B24）	0.073 5	0.033 3	0.076 0	0.052 0	0.110 7
	（B25）	0.057 1	0.095 5	0.106 2	0.087 2	0.090 3
	（B26）	0.054 3	0.153 4	0.058 3	0.052 8	0.072 5

　　而在生态环境质量指数方面，结果显示空气优良水平对 5 个省份的指数水平的影响都较大，由于这个指标的标准是 2012 年后各省份逐步开始实行的，因此 2012 年前后存在数据缺失。受到这一指标数据缺失和处理方式的影响，数据变化较少，其他地区的指标权重结果也在一定程度上存在这个问题，但这并不妨碍对数据和指标权重的阐释，因为空气优良水平这一指标升级导致的数据缺失、处理以及权重较高，恰恰反映出我国对空气质量治理的关注和投入较多，高权重结果与这一指标的高影响力正好相符合。除该指标之外，工业废水排放增加率和工业固废综合利用率两个指标对以上省份的影响权重也较高，指标水平的稳定反映出各地对工业环境污染治理较为重视，使得工业废水排放量持续下降并且保持了较高的工业固体废物利用率。

　　表 2-3（2）是东北地区三个省份的指标权重结果。辽宁经济社会发展指数的相关指标中权重最大的是社会消费品零售总额增长率以及城乡居民家庭人均可支配收入，固定资产投资增长率影响最小，表明其经济增长基础较好，居民收入稳步提升，并且市场消费活动较为活跃；吉林经济社会发展指数中权重最大的指标是公共预算收入和 GDP 增长率，而权重较

小的是农村居民家庭人均可支配收入和固定资产投资增长，反映出该省经济社会水平较为平稳地提升，农村居民大幅增收，但经济增长投入方面波动较大；黑龙江经济社会发展指数中权重最大的指标是农村居民家庭人均可支配收入、GDP增长率以及社会消费品零售总额增长率，权重最小的是固定资产投资增长率，表明该省的经济增长和市场活跃度都较为稳定。而结合吉林和辽宁两省的固定资产投资因素都影响较小可知，东北地区整体的"硬件"投资投入力度均有比较明显的变化。

表2-3（2）　东北地区省级层面的指标权重结果

目标层	指标层	权　　重		
		黑龙江	吉林	辽宁
经济社会发展（A1）	（B11）	0.1144	0.0689	0.0649
	（B12）	0.0762	0.0745	0.0434
	（B13）	0.0609	0.0444	0.0425
	（B14）	0.1144	0.0571	0.0998
	（B15）	0.0855	0.0542	0.0720
	（B16）	0.1186	0.0423	0.0759
生态环境质量（A2）	（B21）	0.0527	0.1956	0.2324
	（B22）	0.1145	0.0683	0.0410
	（B23）	0.0550	0.1365	0.0553
	（B24）	0.0847	0.0774	0.0456
	（B25）	0.0865	0.0894	0.0772
	（B26）	0.0367	0.0912	0.1501

在生态环境质量方面，除了空气质量优良水平之外，对辽宁生态环境质量指数水平影响较大的是建成区绿化覆盖率和森林覆盖率，对吉林生态环境质量指数影响较大的是工业废水排放增长水平和建成区绿化覆盖率，而对黑龙江生态环境质量指数影响较大的是环境噪声平均等效声级和森林覆盖率。对比之下反映出东北地区在森林及绿地生态资源方面的稳定投入。

表2-3（3）是华东地区7个省市的指标权重结果。上海市的经济社会发展指数水平受城镇和农村居民家庭人均可支配收入这两个指标影响最

大，影响权重最小的是固定资产投资增长因素，表现出与北京相似的经济发展基础与经济增长特点；江苏经济社会发展指数中权重最大的指标是公共预算收入增长率和固定资产投资增长率，与安徽的两个最大权重指标相同，反映出这两个省份在经济社会发展的"软硬件"投入上都稳步提升；浙江和福建两省的经济社会发展指数中影响最大的是公共预算收入增长和社会消费品零售总额增长的因素，表明其对社会公共事务的投入和市场经济活跃度都比较稳定；山东和江西的经济社会发展指数中权重最大的指标均是公共预算收入增长率，一方面反映出这两个省份的经济增长水平比较稳定；另一方面则表明其关注社会公共事务治理并且可投入的资源较为充足。

表2-3（3）　华东地区省级层面的指标权重结果

目标层	指标层	权　　重						
		上海	江苏	浙江	安徽	山东	福建	江西
经济社会发展（A1）	（B11）	0.058 1	0.079 5	0.066 4	0.104 8	0.048 2	0.096 8	0.057 5
	（B12）	0.053 4	0.128 6	0.105 3	0.124 7	0.061 9	0.098 7	0.059 9
	（B13）	0.042 5	0.121 8	0.088 2	0.115 8	0.032 0	0.070 5	0.030 3
	（B14）	0.079 5	0.067 6	0.104 1	0.081 0	0.054 2	0.097 2	0.025 5
	（B15）	0.083 1	0.081 2	0.081 8	0.073 2	0.057 2	0.079 1	0.048 9
	（B16）	0.083 6	0.062 1	0.079 4	0.095 2	0.055 9	0.072 4	0.048 1
生态环境质量（A2）	（B21）	0.138 2	0.133 3	0.133 0	0.084 6	0.148 2	0.091 2	0.075 5
	（B22）	0.074 7	0.045 5	0.073 6	0.039 5	0.144 4	0.118 0	0.087 1
	（B23）	0.057 0	0.056 9	0.118 2	0.113 4	0.048 6	0.043 0	0.058 6
	（B24）	0.089 0	0.075 5	0.061 5	0.057 1	0.077 3	0.107 7	0.062 3
	（B25）	0.114 6	0.105 3	0.049 0	0.038 1	0.223 5	0.069 5	0.404 2
	（B26）	0.126 2	0.042 7	0.039 6	0.072 7	0.048 6	0.055 9	0.042 0

在生态环境质量方面，除了空气质量优良水平指标的权重较高外，各省市的权重水平变化不一，浙江和安徽的工业废水排放增长率指标权重较大，山东和福建的指数水平则受环境噪声水平影响较大，上海的建城区绿化覆盖率指标权重较大，江苏和江西的指数水平受森林覆盖率影响最大，尽管其本身的森林资源并不是特别丰富，但这一指标波动较小，对指数总

体水平的影响权重较大。

表 2-3（4）是华南和华中 6 个省份的指标权重结果。广东的经济社会发展指数水平受城镇居民家庭人均可支配收入和固定资产投资增长率影响最大，影响最小的是公共预算收入和农村居民家庭人均可支配收入，表明广东在发展建设中的硬件投资和城镇发展较为稳定，农民增收的幅度较大；对广西指数水平影响最大的指标是公共预算收入增长率和固定资产投资增长率，表明其公共事务治理资金投入和发展建设硬件投入的不确定性都比较小；对海南指数水平影响最大的是农村居民家庭人均可支配收入和社会消费品零售总额增长率，同时城镇居民家庭人均可支配收入的权重也较高，说明其整体市场的活跃度和消费水平都比较平稳；湖南和湖北两省的经济社会发展指数中权重最大的均为 GDP 增长率和公共预算收入增长率，而权重最小的都是社会消费品零售总额增长率，表明两省虽然在经济增长方面保持稳定水平，但在市场活跃度水平上具有较大的变化；河南经济社会发展指数中权重最大的指标是固定资产投资增长率和社会消费品零售总额增长率，而城乡居民家庭人均可支配收入则权重较小，表明居民增

表 2-3（4）　华南和华中地区省级层面的指标权重结果

目标层	指标层	权　重					
		广东	广西	海南	湖南	湖北	河南
经济社会发展（A1）	（B11）	0.0597	0.0734	0.0716	0.1181	0.1444	0.0847
	（B12）	0.0563	0.1107	0.0619	0.1097	0.1654	0.0787
	（B13）	0.0795	0.0824	0.0621	0.0648	0.0830	0.1010
	（B14）	0.0772	0.0538	0.0719	0.0427	0.0494	0.1079
	（B15）	0.0824	0.0562	0.0694	0.0613	0.0776	0.0692
	（B16）	0.0563	0.0587	0.0730	0.0627	0.0791	0.0668
生态环境质量（A2）	（B21）	0.1545	0.2531	0.1775	0.0959	0.0383	0.1188
	（B22）	0.0758	0.0453	0.0790	0.0320	0.0417	0.0948
	（B23）	0.0701	0.0785	0.0843	0.0893	0.0821	0.1215
	（B24）	0.0922	0.0561	0.0897	0.1165	0.0915	0.0310
	（B25）	0.0491	0.0323	0.1096	0.1140	0.0735	0.0445
	（B26）	0.1469	0.0995	0.0499	0.0930	0.0739	0.0810

收幅度较大，并且经济增长保持较大的潜力和活力。

在生态环境质量方面，除了空气质量优良水平的权重普遍较高之外，广东和广西的建成区绿化覆盖率影响较大，海南的森林覆盖率指标权重较大，湖北和湖南的工业固废综合利用率权重较大，而河南的经济社会发展指数水平则是受工业废水排放增长因素的影响最大，表明不同省份对生态环境领域关注的重点存在差异，也在一定程度上反映出其经济发展所处的阶段和结构性特征。

表2-3（5）是西南地区5个省份的指标权重结果。重庆经济社会发展指数中权重最大的指标是公共预算收入增长率和GDP增长率，而对四川指数水平影响最大的是GDP增长率和固定资产投资增长率，而影响两个省市指数水平最小的是社会消费品零售总额增长率这一指标，表明两省市都保持了稳定的经济增长，但同时市场活力的变化幅度较大，贵州的指标权重特点与重庆类似；云南经济社会发展指数中权重最大的是GDP增长率和社会消费品零售总额增长率，权重最小的是城镇居民家庭人均可支配收入，而西藏经济社会发展指数中影响最大的是城乡居民家庭人均可支

表2-3（5）　西南地区省级层面的指标权重结果

目标层	指标层	权　重				
		重庆	四川	云南	贵州	西藏
经济社会发展（A1）	(B11)	0.0832	0.1707	0.1212	0.0665	0.0345
	(B12)	0.1194	0.0814	0.0834	0.1359	0.0448
	(B13)	0.0773	0.1249	0.0581	0.0525	0.0269
	(B14)	0.0450	0.0405	0.0899	0.0428	0.0290
	(B15)	0.0771	0.0650	0.0566	0.0650	0.0528
	(B16)	0.0820	0.0688	0.0753	0.0644	0.0494
生态环境质量（A2）	(B21)	0.1303	0.0591	0.1717	0.2131	0.1853
	(B22)	0.0862	0.1060	0.1486	0.0621	0.2524
	(B23)	0.1127	0.0621	0.0374	0.0651	0.1628
	(B24)	0.0618	0.0420	0.0491	0.0563	0.0590
	(B25)	0.0759	0.1145	0.0715	0.0477	0.0718
	(B26)	0.0492	0.0652	0.0373	0.1286	0.0314

配收入，影响最小的是固定资产投资增长和社会消费品零售总额增长因素，对比之下显示出云南经济增长和市场活力较为稳定，西藏城乡居民增收稳步推进，但经济增长的潜力和市场活跃度水平具有较强的不确定性。

在生态环境质量上，空气质量优良指标的影响仍然较大。除此之外，工业废水排放增长的因素对重庆经济社会发展指数水平的影响较大。建成区绿化覆盖率是贵州经济社会发展指数中权重较大的指标，对云南和西藏影响较大的其他指标还有环境噪声等效声级，对四川指数水平影响较大的还有森林覆盖率这一指标，而权重较小的指标主要集中在建成区绿化覆盖率和工业固废综合利用率上。

表2-3（6）是西北地区5个省份的指标权重结果，陕西经济社会发展指数中权重最大的指标是GDP增长率和公共预算收入增长率，甘肃经济社会发展指数中权重最大的指标是社会消费品零售总额增长率和城镇居民家庭人均可支配收入，宁夏经济社会发展指数中权重最大的是GDP增长率和社会消费品零售总额增长率，新疆经济社会发展指数中权重最大的是社会消费品零售总额增长率和公共预算收入增长率，青海经济社会发展指数中权重最大的是固定资产投资增长率和农村居民家庭人均可支配收入。整体来讲，区域经济增长趋势的波动性比较小，居民稳步增收，市场消费较为活跃。在生态环境质量方面，除了空气质量优良指标之外，区域整体上受工业废水排放量增长率和工业固废综合利用率两个指标影响较大，表明工业环境治理仍是各省份生态环境治理与建设的关键，工业环境治理水平的稳步提升也反映出政府在该领域的持续关注和投入。

表2-3（6）　西北地区省级层面的指标权重结果

目标层	指标层	权　重				
		陕西	甘肃	宁夏	新疆	青海
经济社会发展（A1）	（B11）	0.0717	0.0615	0.0796	0.1018	0.0969
	（B12）	0.0707	0.0665	0.0627	0.1025	0.0747
	（B13）	0.0633	0.0418	0.0465	0.0469	0.0998

（续表）

目标层	指标层	权　重				
		陕西	甘肃	宁夏	新疆	青海
	（B14）	0.0561	0.1373	0.0776	0.1166	0.0635
	（B15）	0.0680	0.0798	0.0589	0.0756	0.0702
	（B16）	0.0575	0.0753	0.0607	0.0549	0.0977
生态环境质量（A2）	（B21）	0.2035	0.2203	0.3244	0.0529	0.1189
	（B22）	0.0631	0.0518	0.0310	0.0530	0.1163
	（B23）	0.1005	0.0477	0.0417	0.1023	0.0969
	（B24）	0.0742	0.0850	0.0999	0.0793	0.0499
	（B25）	0.1041	0.0726	0.0599	0.1312	0.0477
	（B26）	0.0674	0.0604	0.0572	0.0829	0.0675

第二节　基于经济社会发展与生态环境质量指数的生态优先、绿色发展水平演变

一、全国及区域层面的经济社会发展与生态环境质量指数水平及演变

根据上一节所述方法，得出全国以及华北、东北、华东、华南和华中、西南以及西北几个区域的经济社会发展和生态环境质量指数测算结果。表2-4显示了2011～2019年全国经济社会发展和生态环境质量指数水平及演变。总体来说，这一时期我国的经济社会发展指数水平呈缓慢下降趋势，从2011年的0.3687下降至2019年的0.1265，指数水平在2016～2018年有较小的波动，生态环境质量指数水平呈缓步上升趋势，从2011年的0.1525上升至2019年的0.3112。

表2-4　全国2011年到2019年经济社会发展与生态环境质量指数水平及演变

年份	2011	2012	2013	2014	2015	2016	2017	2018	2019
经济社会	0.3687	0.2353	0.2218	0.1861	0.1436	0.1262	0.1470	0.1421	0.1265
生态环境	0.1525	0.0831	0.1992	0.1974	0.2011	0.3363	0.2566	0.3133	0.3112

表 2-5 是 2011~2019 年各区域层面的经济社会发展指数水平测算结果。总体来看，区域层面的经济社会发展指数水平也处于缓慢下降的趋势：华北地区的指数水平从 2011 年的 0.2940 下降到 2019 年的 0.2026；东北地区的指数水平从 2011 年的 0.2645 下降至 2019 年的 0.2005；华东地区的指数水平从 2011 年的 0.2954 下降至 2019 年的 0.1557；华南和华中地区的指数水平从 2011 年的 0.3211 下降至 2019 年的 0.1611；西南地区的指数水平从 2011 年的 0.2587 下降至 2019 年的 0.1433；西北地区的指数水平从 2011 年的 0.3035 下降至 2019 年的 0.1668。2011 年至 2019 年各区域的经济社会发展指数水平的演变趋势如图 2-1 所示，在总体下降的大趋势下，2011~2015 年下降较快，2016~2018 年存在小幅的回升以及波动。

表 2-5　各区域 2011 年到 2019 年经济社会发展指数水平及演变

年份 区域	2011	2012	2013	2014	2015	2016	2017	2018	2019
华北	0.2940	0.2595	0.2195	0.1845	0.1585	0.1695	0.1614	0.1719	0.2026
东北	0.2645	0.2529	0.2159	0.1894	0.1523	0.1741	0.1876	0.1889	0.2005
华东	0.2954	0.2238	0.2172	0.1840	0.1832	0.1572	0.1692	0.1785	0.1557
华南和 华中	0.3211	0.2368	0.2314	0.1939	0.1813	0.1404	0.1600	0.1449	0.1611
西南	0.2587	0.2447	0.2082	0.1517	0.1480	0.1527	0.1664	0.1558	0.1433
西北	0.3035	0.2577	0.2381	0.2018	0.1595	0.1603	0.1787	0.1652	0.1668

表 2-6 是 2011~2019 年各区域层面的生态环境质量指数水平测算结果。各区域指数水平均处于上升的趋势：华北地区的生态环境质量指数水平从 2011 年的 0.1148 提升至 2019 年的 0.4051；东北地区的指数水平从 2011 年的 0.1340 提升至 2019 年的 0.3904；华东地区的指数水平从 2011 年的 0.1419 提升至 2019 年的 0.3225；华南和华中地区的指数水平从 2011 年的 0.1501 提升至 2019 年的 0.3353；西南地区的指数水平从 2011 年的 0.1461 提升至 2019 年的 0.4381；西北地区的指数水平从 2011 年的

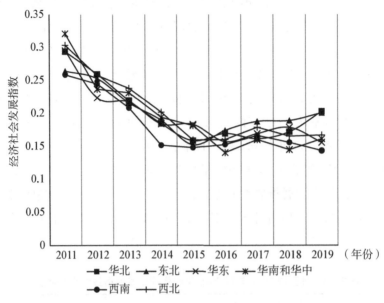

图 2-1 2011～2019 年各区域经济社会发展指数水平演变趋势

0.1581 提升至 2019 年的 0.3860。图 2-2 显示的是 2011～2019 年各区域生态环境质量指数水平的演变趋势，各区域的走势比较分散，波动和差异都较大，但总体上来讲都取得了比较显著的改善效果。

表 2-6 各区域 2011 年到 2019 年生态环境质量指数水平及演变

年份 区域	2011	2012	2013	2014	2015	2016	2017	2018	2019
华北	0.1148	0.1285	0.1706	0.2134	0.2549	0.3201	0.3030	0.3257	0.4051
东北	0.1340	0.1513	0.1938	0.1820	0.1627	0.3080	0.2651	0.3649	0.3904
华东	0.1419	0.1562	0.1672	0.2221	0.1995	0.2716	0.2516	0.2687	0.3225
华南和 华中	0.1501	0.1416	0.1714	0.1943	0.2269	0.3581	0.2746	0.3296	0.3353
西南	0.1461	0.1356	0.1094	0.1215	0.1495	0.2752	0.2677	0.3712	0.4381
西北	0.1581	0.1684	0.2202	0.2369	0.2290	0.2520	0.2595	0.2405	0.3860

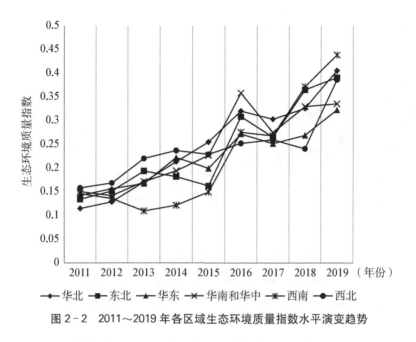

图 2－2　2011～2019 年各区域生态环境质量指数水平演变趋势

二、省级层面的经济社会发展与生态环境质量指数水平及演变

（一）华北地区省级层面的经济社会发展与生态环境质量指数水平及演变

在呈现全国及区域层面的指数水平及演变趋势之后，将进一步在区域内部考察各省（市、自治区）的指数水平如何变化。图 2－3 显示的是华北地区五个省份在2011～2019 年间经济社会发展指数水平的演变趋势，总体来说呈现下降的趋势，但大多省份下降的幅度较小。其中北京的经济社会发展指数水平从 2011 年的 0.2488 缓步下降到 2019 年的 0.1689；天津的经济社会发展指数水平从 2011 年的 0.2650 波动下降至 2018 年的 0.1800，而后在 2019 年回升至 0.2706；河北的经济社会发展受高固定资产投入和经济增速拉动，其指数水平在 2011 年达到 0.3930，随着经济发展结构和路径不断调整，2019 年其指数水平降至 0.1278；内蒙古的经济社会发展指数水平从 2011 年的 0.2685 波动下降至 2019 年的 0.1937；2011 年山西的经济社会发展指数水平为 0.2948，而这一指数水平在 2015 年下降至 0.1146，随后回升至 2019 年的 0.2519，表明该省在资源依赖增长模式遭

遇瓶颈之后逐渐进行转型，并且已经取得一定的成效。

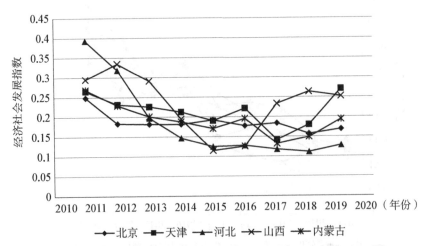

图 2-3   2011～2019 年华北地区各省份经济社会发展指数水平及演变趋势

图 2-4 是华北地区 5 个省份在 2011～2019 年间生态环境质量指数的演变趋势，均表现出较大幅度的提升。具体来讲，主要受工业环境治理水平的影响，2011 年北京的生态环境质量指数水平为 0.0417，2019 年大幅上升至 0.5047；天津的生态环境质量指数水平从 2011 年的 0.1198 上升至 2019 年的 0.3573；河北的生态环境质量指数水平从 2011 年的 0.1209 上

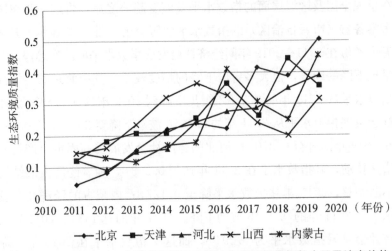

图 2-4   2011～2019 年华北地区各省份生态环境质量指数水平及演变趋势

升至 0.393 1；山西的生态环境质量指数水平从 2011 年的 0.145 8 上升至 2019 年的 0.317 2；内蒙古的生态环境质量指数水平从 2011 年的 0.145 6 上升至 2019 年的 0.453 3。北京是该地区生态环境质量提升最大的直辖市，其他省份指数水平上升的幅度比较均衡。

（二）东北地区省级层面的经济社会发展与生态环境质量指数水平及演变

东北三省在 2011～2019 年的经济社会发展指数水平及演变如图 2-5 所示，总体上仍然处于下降的趋势。黑龙江经济社会发展指数水平从 2011 年的 0.337 6 下降至 2015 年的 0.169 3，然后逐渐回升至 2019 年的 0.247 6；同样经历了指数低谷的还有辽宁，其经济社会发展指数水平从 2011 年的 0.244 4 下降至 2016 年的 0.129 1，然后回升至 2019 年的 0.251 9。从一定程度上说明这两个省份在经济结构调整和转型发展之后，找到了经济社会可持续发展的路径，使得经济增长水平逐渐回升；而吉林省的经济社会发展指数水平演变趋势则表现出不同的特点，从 2011 年的 0.211 5 下降至 2019 年的 0.101 9，下降的幅度不大，整个发展趋势较为平稳。

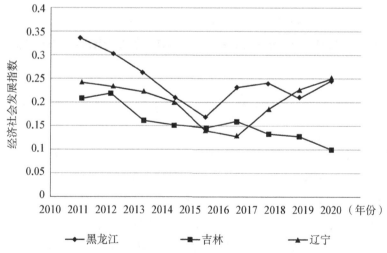

图 2-5　2011～2019 年东北地区各省份经济社会发展指数水平及演变趋势

图 2-6 显示的是东北地区 3 省在 2011～2019 年间的生态环境质量指数水平如何变化，这一时期吉林和辽宁的生态环境质量提升幅度较大，而

黑龙江的指数水平基本持平。具体来说，黑龙江的生态环境质量指数水平从 2011 年的 0.253 7 下降至 2015 年的 0.141 4，随后又提升至 2019 年的 0.223 8；吉林的生态环境质量指数水平从 2011 年的 0.078 1 提升至 2019 年的 0.381 7；辽宁的生态环境质量指数水平从 2011 年的 0.070 2 提升至 2019 年的 0.565 7。相比之下，吉林和辽宁两省的生态环境质量水平在 2011 年的起点相对较低，后续增长势头较为强劲，黑龙江的生态环境质量指数水平在经历低点之后逐渐稳步回升。

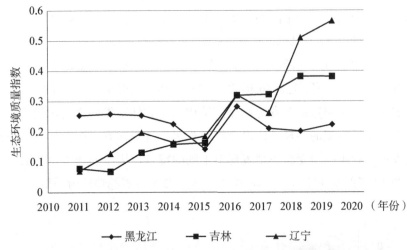

图 2-6　2011~2019 年东北地区各省份生态环境质量指数水平及演变趋势

（三）华东地区省级层面的经济社会发展与生态环境质量指数水平及演变

华东地区 7 个省份在 2011 年到 2019 年间的经济社会发展指数水平及演变如图 2-7 所示。总体上该区域的经济社会发展趋于放缓，从具体的发展走势上来看，可以分为两类进行说明。在第一种类型中，相关省份的经济社会发展指数水平下降幅度较大，比如江苏的经济社会发展指数水平从 2011 年的 0.397 6 下降至 2019 年的 0.150 5；浙江的经济社会发展指数水平从 2011 年的 0.349 6 下降至 0.179 7；安徽的经济社会发展指数水平从 2011 年的 0.426 4 下降至 2019 年的 0.168 8；福建的经济社会发展指数水平从 2011 年的 0.363 4 下降至 2019 年的 0.151 8。在第二种类型中，相关省份的变化幅度较小，比如上海的经济社会发展指数水平在 2011 年为 0.1913，随后波动上升至 2017 年的 0.2227，在 2019 年又降至 0.1952，这种不同于其他省份的演化趋势具有一定的特殊性，主要是由于上海转型发展较早，在这一研究时段初期的经济增长速度已经经过调整，经济增速和固定资产投资增长率较低使得其 2011 年的指数水平并不高，但后期仍能实现较为稳定的经济社会增长。此外，江西和山东在研究时段内的指数水平变化也相对较小，江西的经济社会发展指数水平从 2011 年的 0.1431 波动下降至 2019 年的 0.1304；山东的经济社会发展指数水平从 2011 年的 0.1964 下降至 2019 年的 0.1134。

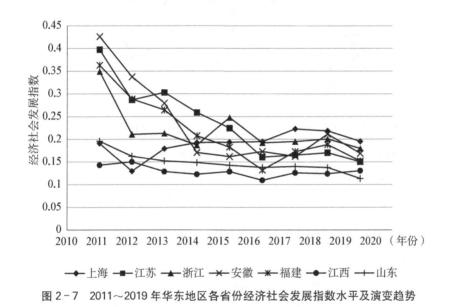

图 2 − 7 2011～2019 年华东地区各省份经济社会发展指数水平及演变趋势

图 2 − 8 显示了华东地区 7 个省份在 2011 年到 2019 年间的生态环境质量指数水平如何演变，区域整体的生态环境品质同样得到较大提升。上海的生态环境质量指数水平从 2011 年的 0.1814 上升至 2019 年的 0.4701，其他省份的指数水平也有较大增长，如江苏的指数水平从 2011 年的 0.1441 上升至 2019 年的 0.3205，浙江的指数水平从 2011 年的 0.1149 上升至 2019 年的 0.3349；福建的指数水平从 2011 年 0.1030 上升至 2019 年的 0.2662；安徽的指数水平从 2011 年的 0.1408 上升至 2019 年的 0.2055。华东地区生态环境质量指数水平增长最快的是山东，其指数水平从 2011 年

的 0.1067 上升至 2019 年的 0.4730；而江西的指数水平差异较大，其生态环境质量指数水平从 2011 年的 0.2028 波动下降至 2016 年的 0.0862，然后又增长至 0.1870，总体上来讲稍有下降。

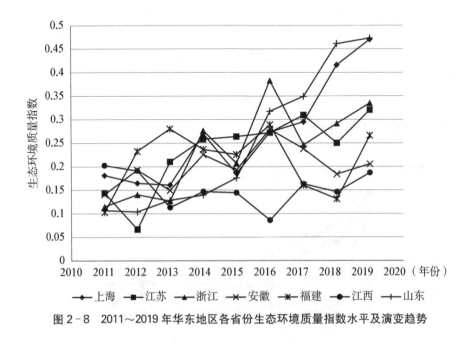

图 2 - 8　2011～2019 年华东地区各省份生态环境质量指数水平及演变趋势

（四）华南和华中地区省级层面的经济社会发展与生态环境质量指数水平及演变

图 2-9 显示的是华南和华中地区 6 个省份在 2011～2019 年间的经济社会发展指数水平及其演变，总体上来讲处于下降的趋势。其中，广东的经济社会发展指数水平从 2011 年的 0.2670 下降到 2019 年的 0.1496，广西的指数水平从 2011 年的 0.3190 下降至 2019 年的 0.1425；海南的指数水平从 2011 年的 0.2653 下降至 2019 年的 0.1797；河南的指数水平从 2011 年的 0.3725 下降至 2019 年的 0.1485；湖北的指数水平从 2011 年的 0.4019 下降至 2019 年的 0.1899；湖南的指数水平从 2011 年的 0.3008 下降至 2019 年的 0.1565。各省份指数均约下降了 50% 左右，并且各省份间下降的走势相差不大，可以说是区域内部指数水平差异和分化最小的一个地区。

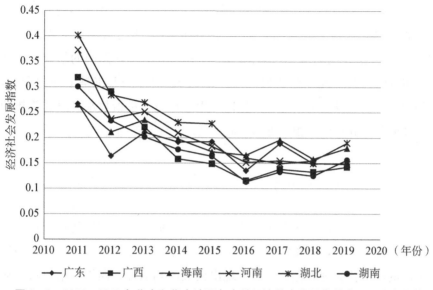

图 2-9 2011~2019 年华南和华中地区各省份经济社会发展指数水平及演变趋势

华南和华中地区 6 个省份在 2011 年到 2019 年间的生态环境质量指数水平及演变如图 2-10 所示。广东的指数水平从 2011 年的 0.182 5 提升至 2019 年的 0.316 2，广西的指数水平从 2011 年的 0.130 4 提升至 2019 年的

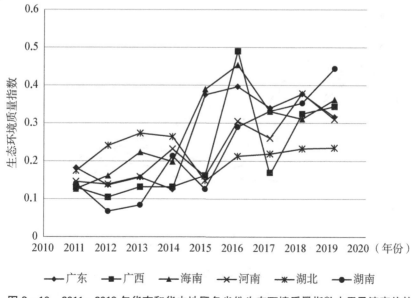

图 2-10 2011~2019 年华南和华中地区各省份生态环境质量指数水平及演变趋势

0.344 2，海南的指数水平从 2011 年的 0.126 6 提升至 2019 年的 0.362 1，河南的指数水平从 2011 年的 0.145 7 提升至 2019 年的 0.309 9，湖北的指数水平从 2011 年的 0.174 6 提升至 2019 年的 0.234 9，湖南的指数水平从 2011 年的 0.140 7 提升至 2019 年的 0.444 2。总体来看仍是上升的走势，但是与经济社会发展指数的水平相比，生态环境质量指数水平演变趋势的波动和分化与其他区域相比更为明显。

（五）西南地区省级层面的经济社会发展与生态环境质量指数水平及演变

图 2-11 是西南地区 5 个省份在 2011 年到 2019 年间经济社会发展指数水平的演变趋势，各省份的指数水平均有不同程度的下滑。其中，四川和云南的经济社会发展指数演变呈现出极大的相似性，四川的指数水平从 2011 年的 0.292 9 下降至 2015 年的 0.133 4，随后上升至 2019 年的 0.159 3；云南的指数水平在 2011 年为 0.305 2，2015 年降为 0.117 5，又提升至 2019 年的 0.145 8。重庆和贵州基本上表现为波动下降的趋势，前者经济社会发展指数水平从 2011 年的 0.281 8 下降至 2019 年的 0.179 3；后者指数水平从 2011 年的 0.297 8 下降至 2019 年的 0.129 7。较为不同的

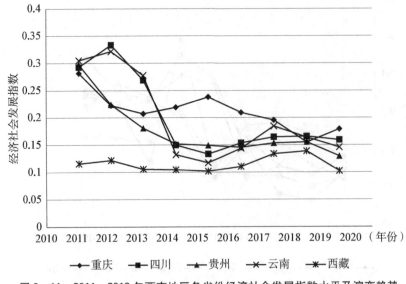

图 2-11   2011～2019 年西南地区各省份经济社会发展指数水平及演变趋势

是西藏，其 2011 年的经济社会发展指数水平为 0.1159，期间最高上升至 2018 年的 0.1389，而后归于 2019 年的 0.1023，总体上来看指数水平演变趋势的起落比较小。

图 2-12 是西南地区 5 个省份在 2011 年到 2019 年间生态环境质量指数的演变，总体上仍然表现为较大幅度的提升。重庆的指数水平从 2011 年的 0.1620 上升至 2019 年的 0.3786；2011 年四川的指数水平为 0.2496，2019 年提升至 0.3126，增长的幅度比较小；相比之下，贵州和云南在本研究期间的起点值较低，2011 年两省指数水平分别为 0.0643 和 0.0558，2019 年两省指数水平分别提升至 0.5283 和 0.3717，增长幅度非常大；此外，西藏的生态环境质量指数水平增幅也非常显著，从 2011 年的 0.1991 提升至 2019 年 0.5996。

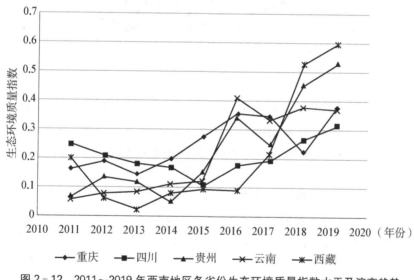

图 2-12　2011~2019 年西南地区各省份生态环境质量指数水平及演变趋势

（六）西北地区省级层面的经济社会发展与生态环境质量指数水平及演变

西北地区 5 个省份在 2011~2019 年经济社会发展指数水平及其演变如图 2-13 所示，各省份的指数水平从 2011 年到 2015 年呈现出持续下降的发展趋势，从 2015~2019 年则持续波动并略有上升，总体来看还是呈下降走势。具体来看，陕西的经济社会发展指数水平从 2011 年的 0.261 9 下降至 2019 年的 0.139 2；甘肃的指数水平从 2011 年的 0.307 0 下降至 2019 年的 0.203 6；青海的指数水平从 2011 年的 0.335 1 下降至 2019 年的 0.182 9；宁夏的指数水平从 2011 年的 0.250 8 下降至 2019 年的 0.138 6；新疆的指数水平从 2011 年的 0.362 9 下降至 2019 年的 0.169 9。虽然各省份均有一些波动，但是总体演变趋势差异不大。

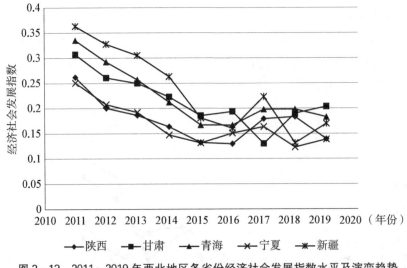

图 2-13　2011~2019 年西北地区各省份经济社会发展指数水平及演变趋势

图 2-14 显示的是西北地区 5 个省份在 2011~2019 年生态环境质量指数的水平及其演变趋势。具体来讲，陕西和青海的指数水平虽然总体上在提升，但是数据波动较大，陕西的指数水平从 2011 年的 0.136 8 上升至 2015 年的 0.399 5，随后波动变化至 2019 年的 0.349 2；而青海的指数水平从 2011 年的 0.260 1 下降至 2015 年的 0.100 8，随后又提升至 0.361 4。而甘肃、宁夏和新疆的指数变化略有差异，甘肃的指数水平从 2011 年的 0.119 8 上升至 0.405 2；宁夏的指数水平从 2011 年的 0.122 5 上升至 0.461 3；新疆的指数水平从 2011 年的 0.151 4 提升至 2019 年的 0.353 1，虽然 3 个省份的数据也有波动，总的来说处于比较稳定的上升状态。

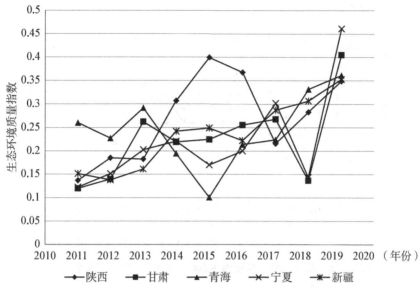

图 2-14 2011～2019 年西北地区各省份生态环境质量指数水平及演变趋势

第三节 我国生态优先、绿色发展的问题

生态优先、绿色发展是我国生态文明建设进程中处理经济社会发展与生态环境质量间关系需要遵循的战略导向，根据以上对 2011～2019 年两者指数水平的测度和演变分析，本节从以下两个方面论述实现生态优先、绿色发展战略目标可能存在的问题。

一、生态环境质量的波动与契机式治理

（一）生态环境质量的波动

从上述综合指数水平测度结果可知，在 2011～2019 年期间，全国整体以及各省份的生态环境质量指数水平总体上处于上升趋势。然而，如果从年度变化来看，指数水平的波动性较大。以全国的生态环境质量指数水平及演变为例，如图 2-15 所示，2012 年指数水平比 2011 年降低，达到 0.454 7，而 2013 年大幅增加至 1.395 9，紧接着 2014 年又降低至 0.009，随后 2016 年到 2018 年指数水平也有较大幅度的波动。

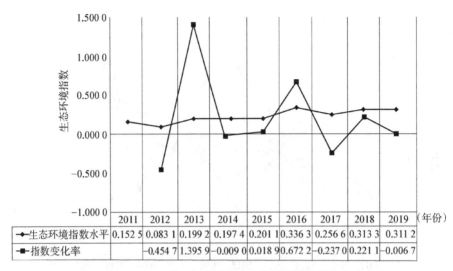

图 2-15　2011~2019 年全国生态环境质量指数演变与变化率

年份	2011	2012	2013	2014	2015	2016	2017	2018	2019
生态环境指数水平	0.152 5	0.083 1	0.199 2	0.197 4	0.201 1	0.336 3	0.256 6	0.313 3	0.311 2
指数变化率		-0.454 7	1.395 9	-0.009 0	0.018 9	0.672 2	-0.237 0	0.221 1	-0.006 7

表 2-7 显示的是各区域在 2012 到 2019 年的生态环境质量指数水平的变化，各区域指数水平的变化起伏也较为显著。具体来看，华北地区在 2016 年的指数水平增长了 0.256，而 2017 年降低至 0.053 6，在 2018 年和 2019 年分别增长了 0.074 9 和 0.243 9；东北地区的指数水平在 2013 年实现了 0.281 3 的大幅增长，而 2014 年和 2015 年两连降，分别降低了 0.061 0 和 0.106 1，2016 年大幅增长 0.893 1，随后在 2017 年降低 0.139 2；华东地

表 2-7　各区域生态环境质量指数水平变化（2012~2019）

地区 年份	华北	东北	华东	华南和 华中	西南	西北
2012	0.120 1	0.128 7	0.100 2	-0.056 3	-0.072 1	0.064 7
2013	0.326 9	0.281 3	0.070 7	0.210 2	-0.193 3	0.307 6
2014	0.251 1	-0.061 0	0.328 2	0.133 3	0.110 4	0.076 0
2015	0.194 4	-0.106 1	-0.101 6	0.167 8	0.231 1	-0.033 5
2016	0.256 0	0.893 1	0.361 1	0.578 3	0.840 5	0.100 7
2017	-0.053 6	-0.139 2	-0.073 6	-0.233 1	-0.027 3	0.029 9
2018	0.074 9	0.376 2	0.068 1	0.200 4	0.386 4	-0.073 2
2019	0.243 9	0.070 0	0.200 2	0.017 1	0.180 5	0.604 9

区在 2014 年到 2017 年间也经历了两次大的起伏，2014 年指数水平增长了
0.328 2，2015 年降低了 0.101 6，随后在 2016 年增长 0.361 1 后再一次降
低 0.073 6。其他三个区域同样存在相似的情况，华南和华中地区在 2012
年和 2017 年分别下降了 0.056 3 和 0.233 1，然后在 2013 和 2018 年又分别
上升了 0.210 2 和 0.200 4；西南地区的指数水平在 2012 年、2013 年连续
两年下降并回升之后，在 2017 年又下降 0.027 3；西北地区的指数水平
2014 年增加 0.076 0，2015 年下降 0.033 5 后，2016 年又增加 0.100 7。可
见各区域生态环境质量水平的年度变化具有较强的不确定性。

　　如果从 6 个区域内分别选择一个具有代表性的省份，即以北京、辽宁、
上海、广东、重庆、陕西为例，来分析省级层面的指数水平变化，如表 2 -
8 所示，可以发现省级的指数波动也较为明显。比如北京的生态环境质量指
数水平在 2016 年有所下降，2017 年大幅上升后，2018 年又有所下降。辽宁
的指数水平波动分别出现在 2014 年和 2017 年，并且下降的幅度与北京相比
较大。上海的指数水平在 2012 年和 2013 年连续下降后，2014 年有了较大幅
度上升，随后在 2015 年又出现较大幅度的下降。广东的指数水平波动更加
频繁，在 2012 年、2014 年、2017 年和 2019 年都出现了下降的情况。重庆的
指数水平在 2013 年出现下降后不断提升，在 2017 年和 2018 年又出现了连续
的下降。陕西的生态环境质量指数水平在 2013 年出现下降后，经历了连续
的较大幅度提升，但在 2016 年和 2017 年也出现了连续下降的情况。

表 2 - 8　各区域代表性省份的生态环境质量指数水平变化（2012～2019）

年份 ＼ 省份	北京	辽宁	上海	广东	重庆	陕西
2012	0.940 9	0.815 2	−0.092 3	−0.251 6	0.190 9	0.354 8
2013	0.850 0	0.547 7	−0.022 3	0.149 2	−0.256 6	−0.014 4
2014	0.456 2	−0.171 3	0.680 3	−0.203 9	0.382 2	0.681 1
2015	0.087 5	0.128 3	−0.313 6	2.002 7	0.386 3	0.300 9
2016	−0.067 7	0.740 7	0.473 5	0.056 9	0.292 8	−0.079 7
2017	0.882 7	−0.185 0	0.078 6	−0.142 2	−0.018 9	−0.412 3
2018	−0.067 7	0.949 5	0.410 2	0.109 2	−0.369 0	0.309 8
2019	0.299 4	0.108 6	0.129 9	−0.162 0	0.721 5	0.233 7

指数水平频繁的较大波动反映我国整体的生态环境质量的提升仍缺乏稳定性，而如果以指数水平作为生态环境治理的一种结果和表现，则生态环境质量波动的背后反映的是治理活动和投入缺乏一定的持续性。虽然从总体发展的趋势来讲，生态环境质量水平在逐渐提升，但是这种年度性的较大波动对良好生态环境质量的稳定性供给来说是一个潜在的问题，对我国生态优先战略目标的实现将会产生一定的负面影响。

（二）生态环境的契机式治理

生态环境质量指数水平波动的原因是较为复杂的，如果从生态环境治理的过程角度看，这种现象可能与治理过程的契机式特点密切相关，主要表现为生态环境治理的周期性、事件性以及危机性特征。在过去的 10 余年中，生态环境治理的政策数量以及具体的政策措施都不断增加，政策类型也出现日益多样化的趋势。但同时，在生态环境问题的系统化、常态化治理上仍有较大的提升空间。

1. 周期性

近年来我国在国家和区域层面都制定了众多的生态环境政策，政策数量快速增加，但周期性弱化的特征也非常显著。客观上释放了在生态环境政策制定和治理过程中的波动信号，随之可能引发在政策整合执行阶段的敷衍、应付和懈怠行为。

2. 事件性

以长三角联合应对环境问题的经验为例。长三角省级政府以 2010 年上海世博会为契机，连续就区域的大气联防联治问题进行交流并签订协议，对长三角区域的大气环境治理起到了积极的作用。2009 年，长三角环境保护合作第一次联席会议在上海举行，提出了"区域大气污染联合防控"的重要议题。随后，在 2010 年长三角区域大气污染联防联控工作座谈会暨区域环境保护合作第三次联席会议总结了上海世博会空气质量保障的经验。2012 年，长三角三省一市在长三角环境保护合作联席会议上共同签订了《2012 年长三角大气污染联防联控合作框架协议》。客观上来讲，事件性决策在生态环境治理中有非常重要的作用，在一定的时间节点上，更加容易联合多方的治理主体，整合更多的政府及社会公众资源，从这个角度上讲，事件性决策有积极的价值，也在一定的时间段内巩固了生态环境治理的成效。但从政策的持续性和稳定性来讲，可能在一段时间内集中投入大量资源进行生态环境治理，但特殊节点后无法持续大力投入，势必会出现生态环境污染和资源高损耗反弹的现象。

3. 危机性

以长三角太湖水域的跨域治理为例。国家对太湖水域治理的高度重视源于水危机，2007 年 5 月底太湖蓝藻爆发，导致无锡市水源地水质污染。国家层面快速做出重要指示："太湖水污染治理工作开展多年，但未能从根本上解决问题。这起事件给我们敲响了警钟，必须引起高度重视。"[①] 随后，国家于 2008 年 4 月发布《太湖流域水环境综合治理总体方案》（简称《总体方案》）；2013 年对《总体方案》进行修编；2011 年以国务院令第604 号发布《太湖流域管理条例》；在 2008 年《总体方案》发布后，浙江和江苏分别制订并发布了省级的实施方案。这些构成了国家层面对长三角水域污染治理的主要线索。以上这个过程以危机为契机，为生态环境的治理提供了一个政策窗口，得到从政府到公众的广泛支持，从而应对危机。但是随着危机的暂时缓解或解除，生态环境治理的各项投入恢复常态或者更少，则可能引发新的潜在问题。

无论是生态环境质量的起伏不定，还是与之相联系的契机式治理，都将制约我国生态优先、绿色发展目标的实现。随着生态文明制度化建设的推进，要求生态环境治理长效化、常态化，从而实现系统性和持续性的生态环境改善。

二、生态环境质量与经济社会发展的权衡效应及其负面影响

（一）生态环境质量与经济社会发展的权衡效应

自我国开始向绿色低碳发展转型，国家出台了大量的生态环境政策，其中严格管控类政策措施占绝大多数，包括禁令、合理确定污染排放容量和强度、严格执行标准、排污许可制度、严格准入和退出、严控排放，强制推行节能装置、联合执法督查、责任落实和追究等，大批高污染、高消

---

① 国家发改委. 国读懂/太湖流域水环综合治理总体方案［EB/OL］. https://www.ndrc.gov. cn/xxgk/jd/zctj/202207/t20220702-1329971. html? code＝state＝123. 2022-7-2.

耗的企业和行业被关停迁改，绿色发展模式摒弃了"唯 GDP 论英雄"的价值观和考核方式。这些举措对部分经济特别是工业经济的增长发挥了显著的"挤出"作用，总体经济增长受到一定影响。

从上述指数水平及其演变分析结果可知，我国经济社会发展指数水平总体上呈放缓趋势，大多数省份的经济增长水平都在下降。如图 2 - 16 所示，从 2011~2019 年，全国层面的生态环境质量指数从 0.152 5 增长至 0.311 2，而同一时期经济社会发展指数水平从 0.368 7 下降至 0.126 5，经济社会发展与生态环境质量水平之间存在一定此消彼长的权衡效应，这一现象在区域和省份层面同样存在，说明现有的生态环境规制对经济社会发展产生了明显的制约作用。从经济社会发展与生态环境保护关系的价值判断角度看，经济发展更少地以资源环境损害为代价，同时生态环境规制的加强则制约了经济发展的速度，经济发展水平暂时仅达到了第一阶段的价值判断节点。

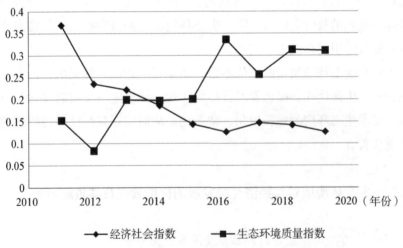

图 2 - 16 2011~2019 年全国生态环境质量与经济社会发展指数演变趋势

（二）权衡效应的负面影响

近 10 年间的数据和指数水平测算结果显示，生态环境质量提升的同时，伴随着经济社会发展的放缓，生态环境质量与经济社会发展之间存在一定的权衡效应，并未实现两者的双重红利，仅在一定程度上实现了生态环境的红利。而生态环境建设的进一步推进无疑需要经济社会增长的有力支持。用以提升生态环境质量的各类投入主要来自政府公共资金，与经济社会发展的基础和积累密切相关，而经济增长速度的放缓将对生态环境治理投入带来负面影响，制约生态优先、绿色发展目标的实现。

以我国三江源地区为例。该地区承载着重要的生态源涵养功能，其生态环境治理投入很大程度上来自中央财政的支持。三江源生态管护公益岗位设置、草原生态保护补助奖励和生态公益林补偿等都来自中央生态补偿，截至 2018 年已有 158 万公顷国家级生态公益林纳入中央财政范围。[①] 再如，四川正逐步推进省内流域补偿全覆盖，2019 年共安排省级资金 12.36 亿元来奖励建立流域横向生态保护补偿机制的地区。[②] 大部分生态环境建设资金有赖于公共财政支出的原因，是生态保护修复的投入无法在短期内得到明显直接的回报，对市场主体缺乏吸引力。[③] 而公共财政预算收入的提升则很大程度上取决于整个社会经济发展的实力和活力，所以说，生态环境质量的持续改善，需要社会经济提供持续的支持，而如果现阶段获得的生态环境优势并没有转化为经济优势，那么逐渐丧失的经济优势将很可能制约生态环境资源的进一步积累。

习近平总书记在哈萨克斯坦纳扎尔巴耶夫大学发表演讲后回答学生提问时曾说："我们既要绿水青山，也要金山银山。宁要绿水青山，不要金山银山，而且绿水青山就是金山银山。"[④] 近年来，生态产品价值实现已被视为生态文明建设背景下"两山"理论和实践路径，那么生态产品价值实现的因素是否对目前的经济社会发展和生态环境质量指数水平及变化存在影响？其影响的机理又是什么？影响生态产品价值实现的深层次因素又有哪些？下一章将从生态产品价值实现的视角探究引发上述生态环境质量和经济社会发展问题的原因。

---

① 蒋凡，秦涛，田治威. 生态脆弱地区生态产品价值实现研究——以三江源生态补偿为例 [J]. 青海社会科学，2020（2）：99-104.
② 王恒，顾城天，刘冬梅. 四川省探索"两山"生态产品价值实现路径研究 [J]. 节能与环保，2021（5）：70-71.
③ 邱少俊，徐淑升，王浩聪. 生态银行实践对生态产品价值实现的启示 [J]. 中国土地，2021（6）：43-45.
④ 习近平：绿水青山就是金山银山 [EB/OL]. 中国共产党新闻网，http：//theory. people. com. cn/n1/2017/0608/c40531-29327210. html，2015-11-10。

第三章

生态产品价值实现视阈下的问题根源

第一节　生态产品价值实现对经济发展水平的影响

一、生态产品价值实现影响经济发展水平的动态面板分析模型与方法

（一）生态产品价值实现影响经济发展水平的分析模型

依据前章指出的我国生态优先与绿色发展进程中的问题，本章从生态产品价值实现这一视角，分析生态产品价值实现的差异是如何影响经济发展水平和生态环境质量的，从而为以生态产品价值实现这一路径进一步优化经济社会发展与生态环境保护的关系，提供具有实证经验的证据。从生态产品价值实现的视角，探讨生态产品价值实现的差异如何影响经济发展水平。根据生产函数的基本含义，经济产出一般取决于物质资本、人力资本以及技术水平等因素。除此之外，经济发展水平与自然资源和环境水平也紧密相关。最具代表性的相关研究是"资源诅咒假说"，有学者认为自然资源丰沛国家和地区的经济发展水平普遍低于资源匮乏的国家和地区。[1] 也就是说，自然资源充足对经济增长具有负面影响。当然，从实证研究的层面来讲，对这一假说的验证也可能提供相反的证据，即资源诅咒

---

[1] Richard Auty. Sustaining Development in Mineral Economies：The Resource Curse Thesis ［M］. London：Routledge，1993.

的现象并不存在。随着人们对生态环境的关注度越来越高，对于资源环境如何影响经济发展的研究仍将不断丰富。

从生态产品价值实现的视角，探讨资源环境对经济增长的影响将为这一领域提供新的思路。为了达成这一目标，将生态产品价值实现的相关指标作为资源环境因素，纳入物质资本、人力资本和技术水平驱动经济发展的模型中（见图3-1），在这一语境下分析不同生态产品价值实现的类型是如何影响经济增长的。本研究涉及全国31省份2011～2019年的经济发展水平，拟采用动态面板数据分析模型来反映这一时期各省份的情况。面板数据分析模型集合了时间序列和截面两个类型的数据，数据集涉及省份、时间和相关指标三个维度的信息。

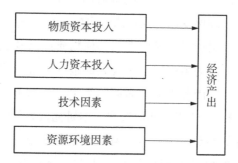

图3-1　物质、人力、技术和资源环境因素影响经济产出

（二）模型构建与指标选取

基于物质资本、人力资本、技术因素和资源环境共同影响经济增长水平，并且经济增长同时会受到往期经济发展水平的影响，本研究构建了广义矩GMM动态面板分析模型，这种方法不仅可以将滞后期的因变量纳入解释模型，同时也可以在一定程度上解决内生性问题。在对原始数据取对数后，具体模型如下：

$$\ln EG_{it} = \alpha \ln EP_{it} + \beta \ln TE_{it} + \gamma \ln AS_{it} + \delta \ln HU_{it} + \theta \ln EG_{it-1} + \ln \varepsilon$$

其中，EG_{it}表示第i省份第t年的经济发展水平，EP_{it}表示的是第i省份第t年的生态产品价值实现水平，以此来代表资源环境对于经济发展的影响，TE_{it}表示的是第i省份第t年的技术水平，AS_{it}表示的是第i省

份第 t 年的物质资本投入水平，HU_{it} 表示的是第 i 省份第 t 年的人力资本投入水平，EG_{it-1} 表示的是第 i 省份第 $t-1$ 年的经济发展水平，以此来表示因变量的滞后一期。α、β、γ、δ、θ 是待估计的参数，ε 代表的是随机扰动项。

模型中各变量指标的选取说明如下：

（1）对于作为因变量的经济发展水平（EG），本研究选取各省份 2011～2019 年的地区增长总值（GDP）作为指标来表示。

（2）对于表示资源环境影响的生态产品价值实现水平，本研究依据分析框架，分为两个类型来分析。

首先，一般生态系统服务，主要是通过中央政府、区域间或产业间的生态补偿实现，因此第一类生态产品价值的实现用生态补贴（SU）表示，选取财政支出中节能环保支出与农林水支出的总和来表示。

其次，具有生态附加值和溢价性的其他物质产品及服务，主要是通过参与其他经济活动并作为生产要素实现其回报，最常见的就是生态农产品和生态文化旅游服务，因此将其作为第二类生态产品价值实现的类型。对于生态要素回报（ER）的指标如何选取，本研究认为从溢价和附加值角度考虑的生态产品价值实现，与成本和消费意愿高度相关，并且将会促进农林产业和旅游相关的服务业产值增长。因此，该指标包括两个部分：其一，一产增加值和三产中住宿餐饮增加值的总和；其二，100 减去恩格尔系数，用这两个部分的乘积〔（一产增加值＋住宿餐饮增加值）×（100－恩格尔系数）〕来表示作为生态要素回报的生态产品价值实现。其中，恩格尔系数是指食品支出总额占个人消费支出总额的比例，家庭收入越少，这一比例可能越高。这一系数也可以理解为，比例越低，家庭收入越多，用于较高附加值消费品的比例可能更高，当然这其中也包括生态产品。本文设定恩格尔系数越低，表示家庭对于食物等基本需求之外的消费越多，那么对生态产品消费这种溢价性较强的也就消费越多，因此用 100 减去恩格尔系数，可以在一定程度上代表家庭对较高成本和附加值的生态产品的消费意愿以及承担能力。此外，恩格尔系数不仅体现出经济发展水平和收入水平的高低，而且映射出消费习惯背后的文化问题，即如果消费者倾向于购买生态产品，那么生态产品的价值实现程度也就越高。

（3）对于技术水平（TE），本研究选取各个省份 2011～2019 年的专利申请授权数作为指标来表示；对于物质资本投入水平（AS），本研究选取各个省份 2011～2019 年的固定资产投资占 GDP 的比例作为指标来表示；对于人力资本投入水平（HU），本研究选取各个省份 2011～2019 年的从业人员数量作为指标来表示。

　　以上各指标数据来自 2011～2019 年的《中国统计年鉴》、各省份统计年鉴以及国民经济与社会发展统计公报，基于对数据的一致性和可比性的考虑，经过对比和甄别整理而成。此外，由于生态产品价值实现对于经济发展的影响可能在产业间存在差异，在对整体经济发展水平进行 GMM 动态面板分析之后，继续对三次产业分别进行分析。本研究采用 Stata 软件来进行动态面板的分析。表 3-1 显示的是上述模型中各变量的描述性统计结果。

表 3-1　各变量的描述性统计结果

变量名称	平均值	标准差	最小值	最大值
经济增长（lnEG）	9.71	0.98	6.41	11.59
生态补贴（lnSU）	6.35	0.59	4.82	9.23
生态附加值要素回报（lnER）	11.64	1.00	8.43	13.06
资本投入因素（lnAS）	−0.31	0.39	−1.66	0.41
人力资本投入因素（lnHU）	7.59	0.86	5.22	8.87
技术因素（lnTE）	9.86	1.62	4.80	13.18

二、生态产品价值实现对经济发展水平的影响分析

（一）平稳性检验

　　对于面板数据，首先通过单位根检验来判断数据是否具有平稳性，以避免出现伪回归的现象。本研究借助 Stata 软件采用 HT 检验的方法对面板数据进行单位根检验。将原始数据取对数后，对其检验发现部分变量的单位根检验未通过，对其进行差分变换，再进行检验，发现全部变量均通过单位根检验，并且是在 1% 的水平上显著，表示面板数据是平稳的。

（二）GMM 动态面板回归分析结果

根据上文构建的生态产品价值实现等因素影响经济发展水平的 GMM 动态面板分析模型，基于系统 GMM 方法，借助 Stata 软件分析 2011 年到 2019 年间 31 个省份的生态产品价值实现水平以及其他变量对于经济发展水平的影响，分析结果如表 3－2 所示。

表 3－2　GMM 动态面板分析结果

变量名称	经济总体水平	第一产业经济水平	第二产业经济水平	第三产业经济水平
lnEGt－1	0.7615***	0.9772***	1.0154***	0.9034***
	(0.000)	(0.000)	(0.000)	(0.000)
lnSU	−0.0054	−0.0132	−0.0050	−0.0037
	(0.759)	(0.491)	(0.798)	(0.747)
lnER	0.0393	0.0250	−0.0027	0.0242*
	(0.140)	(0.675)	(0.929)	(0.076)
lnTE	0.0714*	−0.0107	−0.0197	0.0461*
	(0.010)	(0.109)	(0.417)	(0.022)
lnAS	−0.0772*	0.0015	−0.0243	−0.0079
	(0.083)	(0.854)	(0.198)	(0.621)
lnHU	0.0910*	0.0032*	0.0105	0.0020
	(0.015)	(0.084)	(0.468)	(0.797)
AR（2）	0.9880	0.0040	0.0980	0.5500
Hansen test	0.1380	0.2030	0.2520	0.2180

注：（1）括号内是 P 值的结果；（2）＊＊＊和＊分别表示 1％和 10％的水平上显著。

下面分别从经济总体发展水平和三次产业增长水平进行分析。结果显示，从经济总体发展水平来看，AR（2）和 Hansen 检验结果均通过。代表资源环境影响的生态产品价值实现因素，可以分为两类：一是主要通过补偿实现的一般生态系统服务价值（SU），二是主要通过市场化交易机制实现的生态溢价价值（ER）。这两个指标与 GDP 水平的关系虽然并不显著，但前者（SU）表现出对经济发展微弱的抑制作用，而后者（ER）表现出对经济发展水平微弱的正向促进作用。

考虑到生态产品及其价值实现与产业差异有着密切关联，对不同产业类型可能呈现出完全不同的影响，因此继续分三个产业来分析 SU 和 ER 这两个指标对各产业经济增长的作用。从第一产业回归的结果来看，AR（2）检验结果并未通过，但是观察到 SU 对第一产业增长具有微弱的抑制作用，ER 对第一产业增长具有微弱的促进作用，与对总体经济影响的方向一致。从第二产业回归的结果来看，AR（2）和 Hansen 检验结果均通过。虽然系数的显著性并没有达到要求，解释力较弱，但可以观察到两个指标对于第二产业经济增长都表现出负面的抑制作用。这是由于资源环境的保护以及生态产品价值实现，需要投入大量的物质和人力资源，对第二产业的发展形成了显著的"挤出效应"，并且在严格的生态环境政策下，第二产业中部分高污染、高消耗企业"关停迁改"对产业经济的增长带来了较大的负面影响。

从第三产业的回归结果来看，AR（2）和 Hansen 检验的结果均通过，代表第二类生态产品价值实现类型的生态附加值实现，其系数为 0.024 21，P 值为 0.076，在 10% 的水平上显著，表明生态附加值类型的生态产品价值实现对第三产业经济的增长具有较为显著的正向促进作用。结合这类型生态产品价值实现对总体经济水平和其他产业增长的影响来看，除了第二产业外，都呈现出积极的影响，第三产业尤为显著。如果在这类型的生态产品价值实现上多下功夫，将会对经济，特别是第三产业的进一步发展产生明显的正面作用。而反观第一种类型的生态产品价值实现类型，生态补偿对第三产业具有微弱的抑制作用，对总体经济增长和其他产业的发展同样具有不显著的抑制作用。原因可能在于生态补偿投入了较高比重的各项物质和人力资源，客观上却降低了用于产业其他投入的比例。另一个潜在的原因是，本研究中生态补偿的数据来自财政支出中的节能环保投入和农林水投入，对应的更多是对于基础性的一般生态系统服务价值的购买部分，没有考虑到通过准市场交易实现的准公共生态产品部分。而目前这类生态产品价值实现虽然有很多的案例和经验，但投入总量仍然较少，并且目前难以获得具有可比性的大样本数据。随着数据和方法的改进，这一类型的数据被纳入总体生态补偿的部分，也可能对研究结果产生新的影响。

为了进一步验证研究结果的可靠性，本研究采用分地区验证的方法进行稳健性检验，按照东部地区和中西部地区的区分方法，分别进行回归检验，稳健性检验的结果如表3-3所示，主要关注变量的系数作用方向并未发生实质性变化，说明研究结果是稳健有效的。

表3-3　稳健性检验结果

变量名称	第三产业经济水平 东部地区	第三产业经济水平 中西部地区
$lnEG_{t-1}$	0.8432***	0.8797***
	(0.000)	(0.000)
lnSU	−0.0157	0.0074
	(0.694)	(0.657)
lnER	0.0001	0.0619***
	(0.996)	(0.000)
lnTE	0.0636*	0.0351**
	(0.051)	(0.011)
lnAS	−0.0287	−0.0057
	(0.569)	(0.595)
lnHU	0.0727	0.0020
	(0.217)	(0.655)
AR（2）	0.9790	0.4130
Hansen test	0.9950	0.9970

注：（1）括号内是P值的结果；（2）＊＊＊和＊分别表示1％和10％的水平上显著。

第二节　生态产品价值实现对生态环境质量水平的影响

一、生态产品价值实现、经济社会水平影响生态环境质量的多层级回归模型与方法

（一）生态产品价值实现、经济社会水平影响生态环境质量的多层级线性回归模型

根据生态优先的战略导向，生态产品价值实现是以生态环境质量的提

升为最终价值目标的，因此本研究继续探讨生态产品价值实现对生态环境质量的影响，在这一过程中，由于生态产品价值的实现是在与经济社会系统的互动中完成的，因此经济社会的发展水平不仅对生态环境质量起着重要的支撑作用，也对生态产品价值的实现程度有影响。鉴于以上基本思路，本研究首先采用多层级线性回归模型（hierarchical linear model）来验证生态产品价值实现对生态环境质量水平的影响以及经济社会发展在其中的作用。

多层级线性回归模型适用于具有层次性的数据结构，其中一类变量数据嵌套在另一类变量数据中，后者可能对被解释变量有一定影响，同时也可能对前者的变量数据产生影响，两类变量间的交互作用也可能对被解释变量产生影响。在本研究中，生态产品价值实现通过经济社会系统完成，受到经济社会发展水平的影响。因此可视为生态产品价值实现的相关变量数据嵌套于经济社会发展水平的变量数据中，两类数据都可能对生态环境质量水平产生一定的影响，同时两类数据的交互项还可能对生态环境质量水平产生影响。由于分层次考虑了两类解释变量的交互作用，因此可以在一定程度上解决自变量的内生性问题。

图 3-2　生态产品价值实现与经济社会发展水平对生态
环境质量的影响

（二）模型构建与变量设计

在基于多层级线性回归模型来分层次探讨生态环境质量的影响因素时，本研究将在第一层级的变量设置中采用 IPAT 扩展模型的思路。IPAT 模型是用于分析环境压力的影响因素模型，具体如下：

$$I = P \times A \times T$$

其中，I 代表的是环境压力，P 代表的是人口数量，A 代表的是富裕度，一般用人均 GDP 表示，T 代表的是技术性因素。

　　在这个模型的基础上对影响生态环境质量的因素进行扩展,除了人口、富裕度和技术因素外,还有产业结构因素、强制管控政策力度,以及表示两类生态产品价值实现程度的指标。对原始数据取对数后,本研究基于 IPAT 和多层级线性回归模型构建的具体模型如下。

　　第一层次:

$$LNEE_{ij} = \beta_0 + \beta_1(LNP) + \beta_2(LNGDPPC) + \beta_3(LNTEC) + \beta_4(LNFIR)$$
$$+ \beta_5(LNAP) + \beta_6(LNSUR) + \beta_7(LNER) + r$$

　　第二层次:

$$\beta_0 = \gamma_{00} + \gamma_{01}(LNES) + u_0$$
$$\beta_1 = \gamma_{10} + \gamma_{11}(LNES)$$
$$\beta_2 = \gamma_{20} + \gamma_{21}(LNES)$$
$$\beta_3 = \gamma_{30} + \gamma_{31}(LNES)$$
$$\beta_4 = \gamma_{40} + \gamma_{41}(LNES)$$
$$\beta_5 = \gamma_{50} + \gamma_{51}(LNES)$$
$$\beta_6 = \gamma_{60} + \gamma_{61}(LNES)$$
$$\beta_7 = \gamma_{70} + \gamma_{71}(LNES)$$

　　在上式中,$LNEE_{ij}$ 代表 j 省份第 i 年的生态环境质量,LNP 代表 j 省份第 i 年的人口水平,$LNGDPPC$ 代表 j 省份第 i 年的富裕度,$LNTEC$ 代表 j 省份第 i 年的技术水平,$LNFIR$ 代表 j 省份第 i 年的产业结构因素,$LNAP$ 代表 j 省份第 i 年强制管控政策力度,$LNSUR$ 代表 j 省份第 i 年的生态补贴比例,即第一类生态产品价值实现水平,$LNER$ 代表 j 省份第 i 年的生态要素回报水平,即第二类生态产品价值实现水平,第一层次系数 β_0、β_1、β_2、β_3、β_4、β_5、β_6、β_7 的水平与第二层次的各省份经济社会发展水平有关,$LNES$ 代表的是 j 省份的经济社会发展水平。下面将基于回归分析的结果,探讨不同类型的生态产品价值实现对生态环境质量水平的影响以及经济社会发展水平在其中的作用。

　　在本研究构建的多层级线性回归模型中,变量选取和数据来源如下。

　　模型的因变量是反映生态环境质量水平的指标,本研究采取第二章测算的各省份生态环境质量综合指数水平的对数(LNEE),作为被解释变量。

模型第一层次的自变量，基于现有研究文献和本研究的目标，选取反映生态产品价值实现水平以及人口、富裕度、技术、产业、政策力度水平的指标。由于本研究的分析框架中将生态产品价值划分为一般生态系统服务、具有生态附加值和溢价性的其他物质产品及服务两大类，因此反映生态产品价值实现水平指标的选取也根据这一分类进行。

（1）人口。采用常住人口作为指标。

（2）富裕程度。采用人均 GDP 来表示。

（3）技术因素。本研究选取专利授权数量来表示技术水平的差异。

（4）产业结构。产业结构与生态环境质量水平密切相关，产业结构的不合理和落后会使得生态环境质量下降。由于生态环境质量水平与农林草水等领域具有较强的联动性，在这方面加大投资，将对生态环境质量的提升和维护产生积极的作用，因此本研究选取第一产业固定资产投入比例，来衡量产业结构的变化。

（5）强制管控政策力度。生态环境领域的强制管控型政策对于减少污染排放、提升生态环境质量有重要作用，并且目前这类环境政策仍然占绝对优势地位。本研究采用生态环境污染及损害的处罚程度来表示这类政策的力度，根据各省份不同年度生态环境公报中关于污染及损害的处罚情况进行编码，用量化的编码结果来表示这类政策的力度。

（6）对于第一类生态产品价值实现，主要是通过中央政府、区域间或产业间的生态补偿实现。因此选取财政支出中节能环保支出与农林水支出的和在 GDP 中所占比例〔（节能环保支出＋农林水支出）/GDP〕来衡量第一类生态产品价值实现的水平。

（7）对于第二类生态产品价值实现，主要是通过参与其他经济活动并作为生产要素实现其回报，比如生态农产品和生态文化旅游服务等。对于生态要素回报（ER）的指标如何选取，本部分仍然从溢价和附加值角度考虑，认为其与成本和消费意愿高度相关，并且将会促进农林产业和与旅游相关的服务业产值增长。该指标包括两个部分：一是一产增加值和三产中住宿餐饮增加值的总和；二是 100 减去恩格尔系数。用这两个部分的乘积〔（一产增加值＋住宿餐饮增加值）×（100－恩格尔系数）〕来表示作为生态要素回报的生态产品价值实现程度。

模型第二层次的自变量是反映经济社会发展水平的指标。本研究采取第二章测算的各省份经济社会发展综合指数水平（ES），作为模型中可能单独影响生态环境质量，并且可能与生态产品价值实现产生交互项从而影响生态环境质量的指标。

本研究中的因变量和两层次的自变量样本，涉及我国 31 个省份从 2011~2019 年，共 279 组数据。相关统计数据的来源如下，人口等基础指标的数据来自中国统计年鉴、中国统计摘要以及各省份统计年鉴，处罚情况来自各省份各年度的生态环境公报，财政支出中的节能环保投入、农林水投入、第一产业增加值、餐饮住宿增加值的指标数据来自中国统计年鉴、中国统计摘要和中国第三产业统计年鉴，恩格尔系数的数据采集自各省份统计资料。此外，对自变量的指标数据进行了中心化的处理，可以在一定程度上解决内生性的问题。具体来讲，对第一层次的生态补贴（LNSUR）、生态要素回报（LNER）以及人口因素（LNP）、富裕度（LNGDPPC）、技术要素（LNTEC）、产业结构因素（LNFIR）、政策力度（LNAP）指标采取组平均值中心化的方法，对经济社会水平指标（LNES）采取总平均值中心化的处理方法。本研究采用多层级线性模型软件 HLM8.2，并采取限制最大似然法来估计，进行多层级线性模型的回归分析。

二、生态产品价值实现及经济社会水平对生态环境质量水平的影响分析

表 3-4 显示了两层次自变量和因变量的描述性统计结果。

表 3-4　两层次变量的描述性统计结果

变量名称	选取指标（取对数）	平均值	标准差	最小值	最大值
第一层级					
人口	常住人口（LNP）	8.13	0.84	5.73	9.43
富裕度	人均 GDP（LNGDPPC）	1.58	0.43	0.48	2.78

（续表）

变量名称	选取指标（取对数）	平均值	标准差	最小值	最大值
技术因素	专利授权数（LNTEC）	9.86	1.62	4.8	13.18
产业结构	第一产业投资比例（LNFIR）	−3.76	0.99	−9.78	−2.04
强制政策力度	生态环境污染损害处罚情况（LNAP）	2.81	0.98	−0.92	4.17
第一类生态产品价值实现	生态环境补贴占 GDP 比例（LNSUR）	1.24	0.69	0.08	4.42
第二类生态产品价值实现	生态要素回报水平（LNER）	11.64	1.00	8.43	13.06
第二层级					
经济发展水平	GDP 增长率（LNES）	−1.67	0.17	−2.17	−1.42

表 3−5 显示的是本研究多层级线性回归分析的结果，对两层级的自变量分步加入。模型 1 显示的是仅加入第一层级自变量的回归结果，模型 2 显示的是在此基础上加入第二层级自变量的回归结果。

表 3−5　多层级线性回归分析的结果

自变量	系数	模型 1	模型 2
人口（LNP）	γ_{10}	−0.2830***	1.6620
人均 GDP（LNGDPPC）	γ_{20}	0.4920***	0.9460***
专利授权数（LNTEC）	γ_{30}	0.1530***	−0.1740
第一产业投资比例（LNFIR）	γ_{40}	0.0560*	0.1920***
强制管控政策力度情况（LNAP）	γ_{50}	−0.0770**	−0.3860***
生态环境补贴占 GDP 比例（LNSUR）	γ_{60}	0.2960***	1.0420***
生态要素回报水平（LNER）	γ_{70}	0.2110**	0.1720
经济社会发展水平（LNES）	γ_{01}		0.6040***
经济社会发展水平（LNES）×（LNP）	γ_{11}		1.4860

（续表）

自变量	系数	模型 1	模型 2
经济社会发展水平 （LNES）×（LNGDPPC）	γ_{21}		-2.0670
经济社会发展水平 （LNES）×（LNTEC）	γ_{31}		0.9250
经济社会发展水平 （LNES）×（LNFIR）	γ_{41}		0.0960
经济社会发展水平 （LNES）×（LNAP）	γ_{51}		0.1830
经济社会发展水平 （LNES）×（LNSUR）	γ_{61}		-5.6240^{***}
经济社会发展水平 （LNES）×（LNER）	γ_{71}		0.9620

注：＊＊＊、＊＊、＊分别表示在1％、5％、10％的水平上显著。

　　结果表明，在不考虑第二层级影响因素及交互作用的模型1中，生态环境补贴比例的系数为0.296，P值在1％的水平上显著，表明第一类生态产品价值实现的水平对生态环境质量有显著的促进作用，生态要素回报水平的系数为0.211，P值在5％的水平上显著，表明第二类生态产品价值实现水平对生态环境质量也有比较显著的正面影响，两类生态产品价值实现的方式都可以提升生态环境的质量。在其他影响因素中，人口富裕度、技术因素和第一产业投资比例的系数分别是0.492、0.153和0.056，显著性水平分别是1％、1％和10％，表明这些因素水平的提升也都可以显著地提高生态环境质量的水平，而人口数量的系数为−0.283，在1％的水平上显著，表明人口的增加确实会对生态环境质量产生负面的压力。此外，强制管控型政策力度指标的系数为−0.077，在5％的水平上显著，表明这类政策执行的严格度和力度也会对生态环境质量产生一定的负面影响，生态环境政策需要从单一强制管控型政策向多样化的政策结构转变。

　　而在加入第二层级影响因素后的模型2中，经济社会指数水平的单项系数为0.604，显著性水平为1％，说明经济社会发展的水平会对生态环境质量产生直接显著的正面促进作用。此外，这一经济社会发展因素还会对第一层级的因素产生影响，进而间接地作用于生态环境质量水平。经济社会发展水平与生态环境补贴比例的交互项系数为-5.624，在1‰的水平上显著，这说明经济社会发展水平的优势并未通过补贴这一路径进行传导，对生态环境补贴比例起到反向调节作用，弱化了生态环境补贴比例对于生态环境质量的作用。而经济社会发展水平与生态要素回报指标的交互项系数为0.962，但并不显著，表明经济社会发展水平对生态要素回报水平起到微弱的正向调节作用，很可能强化生态要素回报这类生态产品价值实现的作用。可以说，经济社会发展水平越高，越倾向于通过生态附加值获得要素性的增值回报，即通过第二类生态产品价值实现的方式来促进生态环境质量的提升。

第三节　制约生态产品价值实现水平提升的深层次原因

一、价值判断中的生态产品能动性缺位

在生态优先与绿色发展的目标下，处理好经济社会发展与生态环境质量间关系与对生态环境价值的判断密切相关。基于本研究的分析框架，这其中存在两个价值判断的节点：一是减少高消耗、高污染的经济社会活动，从而实现生态环境的修复与提升；二是将生态环境优势源源不断地转化为促进经济增长的价值流，进而为生态环境品质的改善提供强有力的支撑。从目前的发展趋势来看，国家以及各区域层面的生态环境质量已经得到了相当大的提升，表明我国在绿色低碳转型发展的进程中已经在不同程度上向第一个价值判断节点靠近。虽然长久以来形成的粗放型发展方式仍在一些地方、一些时刻起作用，但以资源环境消耗换取短期经济增长的价值观正在走向没落。而绿色低碳转型更加全面、深入推进的障碍源于生态环境质量提升的被动性。

（一）生态环境质量提升的被动性

协同推进经济社会发展和生态环境保护是全人类的共同命题和现实难题。① 国际上目前已经有大量的理论和实践探索，希望为解决生态环境

---

① 张振. 建立健全生态产品价值实现机制 推动经济社会发展全面绿色转型——国家发展改革委有关负责同志就《关于建立健全生态产品价值实现机制的意见》答记者问 [J]. 中国经贸导刊，2021（6）：36-41.

与经济发展的两难境遇提供破局的思路。比如 20 世纪 80 年代，德国社会学家胡伯（Huber）首次提出生态现代化理论，认为在工业社会向生态文明转变的过程中，对待环境问题本身的视角应有所转变，环境危机及其应对是一种机遇，在实现生态环境目标的同时，应继续保持经济和社会的综合发展。这种视角的转变与后现代时期更广泛的社会文化背景有关，随着人们生活的整体性要求日益提高，社会生活的各领域都出现了去分化和融合的趋势。

　　然而，这种发展理念确实存在积极性的一面，认为生态环境治理并非全然是沉重的经济负担，也可能是一种发展的机遇，但是该理论所提出的路径仍然没有摆脱生态环境质量提升的被动性。具体来讲，生态现代化的理念认为通过科技支撑等方式可以谋求经济增长与环境保护目标的双赢，并成为西方工业化国家应对环境难题的替代性思路之一。比如安德鲁·古尔德桑（Andrew Gouldson）和约瑟夫·墨菲（Joseph Murphy）提出在经济和生态的整合发展中，发明、创新与传播新的清洁技术是至关重要的。[1] 可以说，这种理论取向超越了末日论，即并非视生态环境危机为工业化所带来的无法改变的后果。[2] 20 世纪 70 年代，罗马俱乐部认为长期以来粗放式的经济增长将给自然环境和人类本身带来极大的困扰，如果世界人口、工业化、污染、粮食生产和资源消费方面按现在的趋势继续下去，地球的极限将有朝一日在今后的一百年中出现，最可能的结果将是人口和工业生产力双方出现相当突然的和不可控制的衰退。[3] 因此，专家共同提出了"零增长"方案。与之不同的是，生态现代化对于科学技术、政治经济体制、社会机制变化等所带来的环境改善持乐观态度，这是其具有积极性的一面。然而，技术驱动与物质资本投入、人力资本投入一样，仍需要大量额外投入的成本才能使生态环境得以保持良好的状态，如果考虑到实践中科技应用与转化的小范围、高成本以及负面效应等问题，其实际效果可能大打折扣。生态环境品质作为高投入所取得的一种结果，其被动性就

---

① 朱芳芳. 中国生态现代化能力建设与生态治理转型 [J]. 马克思主义与现实，2011（3）：193 - 196.

② 阿瑟·莫尔，戴维·索南菲尔德. 世界范围的生态现代化——观点和关键争论 [M]. 张鲲，译. 北京：商务印书馆，2011.

③ 丹尼斯·米都斯，等. 增长的极限：罗马俱乐部关于人类困境的报告 [M]. 李宝恒，译. 吉林：吉林人民出版社，1997.

更加显著。当然，科技驱动以及其他制度性变化所带来的成效为当前生态环境质量的提升做出了重要的贡献，只是未能充分实现生态环境优势的能动性转变。

（二）生态产品的能动性缺位

被动性同时反映出生态环境质量提升的孤立性。生态环境本是人类社会发展必不可少的基础，过度攫取资源和排放污染会使人类社会陷入生态环境危机，而控制消耗和排放会实现环境的改善。但生态环境质量不仅仅只能被动地变好或变坏，其有效改善不仅仅在于环境内部各要素，如水环境、大气环境、土壤环境、固体废物和垃圾等，更取决于环境与外部其他领域、部门的关系，比如环境与经济发展和产业发展的关系、环境与城市的关系、环境与民生的关系。为此，必须在价值理念上首先理顺这些领域及政策间的关系，加强生态环境政策与其他政策议题的交互性、互惠性，同时释放生态环境优势的能动性，真正践行"绿水青山就是金山银山"的价值观。

与世界发达国家相比，我国尚在发展中阶段，仍需要保持一定的经济增速。而在我国生态环境基底本就脆弱的前提下，更需要实现经济社会增长与生态环境保护的平衡。此外，由于生态环境问题极易演变为社会群体事件的导火索，因此提升生态环境质量不仅需要处理好与经济增长的关系，还要应对生态环境保护与社会稳定的严峻挑战。目前，传统的高消耗生产方式和生活方式还没有得到根本性的转变，大多数时候我们仍在沿用与自然界打交道的传统模式，双赢逻辑和模式尚未真正建立，小范围的试验、试点尚未有效地推广。因此，对于如何实现环境政策目标与其他领域政策目标的协同与双赢，既要发展，又要切实地兼顾考虑自然环境的损益，从生态环境资源内部激发出能动性，使生态产品所包含的生态价值积极地参与到绿色经济体系中，参与塑造绿色经济发展的格局，并实现对生态环境水平提升的持续支撑。这需要进行基于中国发展现实的理论建构和实践，需要找到一种切实可以实现经济与环境双赢的有效的、情境化的路径，以生态产品及其价值实现的能动性作为内在驱动力，实现生态优先、绿色发展的目标。

二、生态产品价值的类型与认定模糊

在本研究的分析框架中，生态产品价值分为两大类：一类是一般生态系统服务价值，包括生态系统的供给、调节和支持功能等；另一类是附加在其他产品上的外溢价值，涉及供给和文化服务等功能。但随着我国生态产品价值实现的实践不断丰富，生态产品价值的类型复杂，对这些类型之间的区分与认定较为模糊。比如有研究者提出生态产品价值实现可能包括产业生态型、生态产业型、产权交易型、生态溢价型、生态补偿型、生态倡议型、绿色金融型等类型。[①] 还有学者归纳了形成八大类生态产品价值实现的类型，其中具有公共性或准公共性的生态产品通过生态保护补偿、区域协同发展、资源产权流转、生态载体溢价、生态资本收益、生态权益交易、资源配额交易等方式实现，而经营性生态产品则可以通过生态产业开发的方式实现。[②]

随着更多地区对生态产品价值实现路径进行创新与尝试，生态产品价值实现的类型将会更多。而缺乏解释力较强的分类和认定方式，可能会使得原本不属于生态产品的产品类型被划入价值实现的"愿望清单"，并且在价值实现受阻时打击生态环境资源所有者和经营者的积极性，也可能会使得原本属于生态产品的产品类型无法得到应有的回报，从而加剧生态产品被无序、低价、过度使用[③]的情况。生态产品价值的创新实现，会催生更多的路径和方式。与此同时，需要一个类型划分和认定的基本框架，既可以解释已有的生态产品价值实现的案例，又可能留下更多解释未来生态产品价值类型的线索。这将极大增强生态产品价值实现的推广性和可借鉴性。

三、生态产品的高成本制约其价值转化与实现

生态产品价值实现是在与经济社会系统的互动中完成的。在其价值转

---

① 刘伯恩. 生态产品价值实现机制的内涵、分类与制度框架 [J]. 环境保护，2020，48（13）：49-52.

② 张林波，虞慧怡，郝超志，等. 国内外生态产品价值实现的实践模式与路径 [J]. 环境科学研究，2021，34（6）：1407-1416.

③ 李佐军，俞敏. 如何建立健全生态产品价值实现机制 [J]. 中国党政干部论坛，2021（4）：63-67.

化中起到关键制约作用的是生态产品生产和维持的高成本，这使得公共财政和市场消费能力难以全部承担，既影响了生态产品这部分的经济产出，同时也减少了对生态环境继续提升的支持。这一因素对生态产品价值实现的两大类路径均起到制约作用。

第一，一般生态系统服务价值的生态补偿实现。一类是具有公共性的生态产品价值。有数据显示，2019 年我国生态保护补偿资金投入近 2 000 亿元，森林生态效益补偿实现国家级生态公益林全覆盖，草原生态保护补助奖励政策覆盖全国 80% 以上的草原面积，国家重点生态功能区转移支付已经覆盖全国 31 个省份、818 个县。[①] 可见，一般生态系统服务价值的实现已经实现了相当广泛的覆盖。但也有研究指出公共财政资金投入有限。全国环境污染治理投资占 GDP 的比例自 2012 年以来已连续 5 年下降，远远低于 20 世纪 70 年代发达国家 2% 左右的水平，国家重点生态功能区所属县平均转移支付资金由 0.26 亿元逐年增至 0.94 亿元，但从 2015 年起，逐渐降至 2018 年的 0.88 亿元。[②] 普惠式、单方向的生态补偿资金数额远低于所补偿的生态产品的使用价值。[③] 财政补偿的下降与越来越多的补偿需求形成鲜明的对比，降低了一般生态系统服务这类公共性生态产品价值的实现转化率。另一类是具有准公共性的生态产品价值，主要涉及用水权、用能权、排污权、排放权以及碳汇产品等，这些生态产品都是以一般生态系统服务为基础的，但是由于使用消费总量控制的原因，需要借市场交易机制完成价值实现，从而成为准公共产品。虽然是通过准市场机制完成的，但这类产品其实是通过区域间、产业间生态补偿实现的，本质上仍是一种生态补偿。但目前这种来自消耗和排放产业或区域的、通过交易机制实现的补偿其实非常有限。以碳汇产品为例，一般来讲我国碳汇产品通过抵消机制可以用于企业履行碳减排约定的比例并不高，上海和北京在 5% 以下，广东在 10% 以下。[④] 这使

---

① 王金南，刘桂环. 完善生态产品保护补偿机制 促进生态产品价值实现 [J]. 中国经贸导刊，2021 (6)：44-46.

② 丘水林，靳乐山. 生态产品价值实现的政策缺陷及国际经验启示 [J]. 经济体制改革，2019 (3)：157-162.

③ 张林波，虞慧怡，郝超志，等. 国内外生态产品价值实现的实践模式与路径 [J]. 环境科学研究，2021，34 (6)：1407-1416.

④ 赵子健，田谧，李瑾，等. 基于抵消机制的碳交易与林业碳汇协同发展研究 [J]. 上海交通大学学报（农业科学版），2018，36 (2)：90-98.

得碳汇产品通过进入抵消机制从而实现其价值的程度有限。因此，与这类准公共性生态产品价值实现的需求和投入相比，现阶段这类产品的设计和价值实现率也较低。

第二，具有生态溢价性的其他物质产品及服务价值的市场机制实现。这类生态产品价值主要通过市场机制实现，现实中，其载体产业化运营成本高且收益低。比如，云南普洱市的绿色产业经营，产业规模较小，绿色产业链条短，产品附加值低，同时空间管控、总量管控、环境质量管控等不断挤压发展空间。① 再如，甘肃康县的旅游开发规模集聚效应弱，加上经营者缺乏品牌意识，导致康县旅游产品和服务附加值低。特色农业与传统农业相比投资高、收益高，但需要大量资金投入，并且这方面的人才十分匮乏。② 以福建南平的生态银行为例，目前生态产品的市场接受、认可程度不高，消费者难以负担起这些生态产品生产所投入的高生态环境成本。③ 虽然生态产品的市场前景看好，但是大多数地区的相关产业仍然处在起步或完善阶段，并且生态环境资源虽富集但经济交通基础差的地区占相当大的比例，加之生态产品的产权和价格机制尚不规范，给产业发展带来了很多不利因素。

总体而言，生态产品生产和经营所需投入的成本较高，对政府的平台运作水平、市场的接纳和承受度都有较高要求。目前公众虽然需要更多的生态健康产品和服务，但消费能力和消费结构不匹配是主要的障碍，高成本与潜在的高需求之间仍存在矛盾。以国家公园资金来源为例，政府付费占绝对主体，公众付费、公益组织付费的占比很低，企业参与程度也较低。④ 因此，生态产品价值实现首先要在良好的生态环境资源的基础上进行生态产品的生产，其价值的最终实现需要经济社会发展提供支撑，并且需要政府、公众以及企业共同参与购买和实现。

---

① 谢海燕，杨春平，张德元，等. 大力发展绿色产业 探索生态产品价值实现机制——来自云南省普洱市的经验与启示 [J]. 中国经贸导刊，2002 (9)：46-47.
② 张明晶. 甘肃康县生态产品价值实现典型案例研究 [J]. 现代商贸工业，2021，42 (15)：34-36.
③ 邱少俊，徐淑升，王浩聪. 生态银行实践对生态产品价值实现的启示 [J]. 中国土地，2021，(6)：43-45.
④ 臧振华，徐卫华，欧阳志云. 国家公园体制试点区生态产品价值实现探索 [J]. 生物多样性，2021，29 (3)：275-277.

第四章

生态产品价值实现视阈下生态优先、绿色发展的理论逻辑

第一节 价值判断：生态产品内驱力牵引的绿色生产和绿色生活协同演进

一、生态产品的内驱力

从第一个价值判断节点迈向第二个价值判断节点，需要摆脱生态环境质量提升的被动性，释放本身的能动性。在第一个价值判断节点中，"自然的人化"主要是一个自然受益于人的过程，而在第二个价值判断节点中，"人的自然化"过程则强调人受益于自然，需要将良好的生态环境优势转化为生态产品这类流量化价值，参与到人类经济社会系统的互动中，进而促进经济社会的整体发展，而这又会为生态环境的提升提供更持久的支持。

在这个过程中，生态产品起到了"桥"的作用，是生态环境优势向经济社会优势转化的具体化表达和载体。在公共财政对于一般生态系统服务价值购买强度下降的背景下，需要寻找生态产品的内驱力，作为独立的生产要素参与经济增长和社会福祉增加中。这个独立生产要素，与以往的由物质资本支付购买的资源环境生产材料不同，它是以一种不消耗或者少消耗的方式参与到经济增长中去的。第一，对于一般生态系统服务价值，对于内驱力的寻找首先要认识到公共性生态产品的政府广泛购买模式正趋向

于弱化，需要在公共性生态产品的基础上，关注准公共性生态产品，通过合理利用政策工具，在生态系统服务消费总量控制下创造出新的交易需求，鼓励产业间、区域间的生态补偿，从而达到少消耗的目的。第二，对于生态产品的附加值和溢价价值，其作为技术、物质资本和人力资本之外的生产要素，参与经济的增值并获得要素回报，分配给自然资源环境的所有者和使用者。在保持良好生态环境品质的同时，生态型农林业、环境敏感型制造业、生态旅游和文化服务领域获得了发展，既实现了溢价，生态环境品质也没有降低，达到了不消耗的目标。

以这种不消耗的方式促进经济社会发展的内驱力模式，与国外学者曾提出"资源诅咒"假说有根本性的不同。该假说认为自然资源是贫困国家和地区最大的资产，但是自然资产给他们带来的往往不是好处而是危害。[①] 过度依赖自然资源可能会错失发展机遇，甚至带来社会不稳定因素，长期来看自然资源丰富的国家和地区往往处于经济发展上的落后状态。我国在 20 世纪 80 年代，《富饶的贫困》一书受到国内学术研究领域的极大关注，其提出那些自然资源富饶的西部地区却并不富裕，在某些条件下，自然资源换取的外部资金利用不当很可能成为持续落后的动因。拥有优质生态产品的区域多为山区、林区以及江河源头区，通常也是经济欠发达地区。这些区域如果为了发展经济、摆脱贫困而任意开发自然资源，就容易破坏生态环境。[②] 可见，"资源诅咒"出现的根本性原因在于过度地消耗资源而导致结构性失衡，而基于生态产品内驱力的不消耗或者少消耗的发展理念，则更可能在维护生态环境质量的同时，使得其他产业获得高溢价、高附加值的高质量发展。

二、绿色生产、绿色市场和绿色社会的协同演进

在生态产品内驱力的牵引下，需要从根本上改变有损生态环境利益的价值逻辑，打破旧有的逻辑循环，通过绿色生产、绿色市场和绿色社会的

---

① 保罗·科利尔. 被掠夺的星球——我们为何及怎样为全球繁荣而管理自然 [M]. 姜智芹，王佳荟，译. 南京：江苏人民出版社，2019：33.

② 李佐军，俞敏. 如何建立健全生态产品价值实现机制 [J]. 中国党政干部论坛，2021（4）：63 - 67.

协同演进，共同支撑生态环境优势通过生态产品价值实现的转化。

首先是绿色生产。绿色生产聚焦于人与自然的关系，集中体现为对资源环境可持续和承载力的重视，这表现出绿色生产是以尊重自然规律为前提的可持续发展。基于马克思有关生产力是物质生产中人与自然的关系的基本观点，人与自然关系的改变则可能影响生产力水平。而从本质上来讲，绿色生产中的生态环境优势确实有转化为发展的优势。这种优势的转换主要是通过提供更优质的劳动资料、劳动对象，以及提升劳动者健康状况来达成的。[1] 因此，保护生态环境不仅是生产力提高之后的迫切任务，还有助于保护生产力以及提升生产力。

其次是关于绿色市场和绿色社会协同发展的重要性。绿色生产的持续一方面要建立在全社会绿色发展理念和绿色发展转型的基础上，另一方面绿色生产的产品和服务需要通过绿色市场的构建由绿色社会来消纳。2020年，《中共中央关于制定国民经济和社会发展第十四个五年规划和二○三五年远景目标的建议》提出"构建以国内大循环为主体、国内国际双循环相互促进的新发展格局"，强调"要坚持扩大内需这个战略基点，使生产、分配、流通、消费更多依托国内市场，形成国民经济良性循环。要坚持供给侧结构性改革的战略方向，提升供给体系对国内需求的适配性，打通经济循环堵点，提升产业链、供应链的完整性，使国内市场成为最终需求的主要来源，形成需求牵引供给、供给创造需求的更高水平动态平衡"。在这一面向未来的需求导向下，促进绿色生产、绿色市场与绿色社会的协同演进具有更加重要的战略意义。

2017年5月，习近平总书记在主持中共十八届中央政治局第四十一次集体学习时提出："推动形成绿色发展方式和生活方式是贯彻新发展理念的必然要求。绿色发展不仅是一种约束，促使各国共同寻找低成本发展的新路径，更是一种激励，通过技术创新、产业发展和污染减排形成倒逼机制，形成新的经济增长点。"[2] 近年来，绿色消费和生活方式已经得到逐步推广，"2012～2016年，中国节能（节水）产品政府采购规模累计达到7 460亿元，阿里零售平台绿色消费者人数在2012～2015年间增长了14

---

[1] 黄雯. 人与自然和谐共生的唯物史观意蕴 [N]. 中国社会科学报，2018-12-6 (1).

[2] 国务院发展研究中心课题组. 未来15年国际经济格局变化和中国战略选择 [J]. 新华文摘，2019 (6)：48.

倍,占活跃用户数的 16％".[①] "据测算,2017 年国内销售的高效节能空调、电冰箱、洗衣机、平板电视、热水器可实现年节电约 100 亿千瓦时,相当于减排二氧化碳 650 万吨、二氧化硫 1.4 万吨、氮氧化物 1.4 万吨和颗粒物 1.1 万吨".[②] 这些事例都表明绿色市场和绿色生活方式的培育初步产生了良好的生态效应。

绿色市场的培育通常是高成本的,原因在于在高污染、高消耗的生产模式下,绿色产品和服务的提供需要花费大量资金和精力,无论是清洁生产改造还是形成绿色发展新的经济增长点,都需要一定的资金和时间去扭转旧有模式。因此,贴有"绿色""环保"标签的产品和服务从价格角度来讲是昂贵的,更重要的是消费者是否愿意以及有消费能力购买较高成本的绿色产品,这就涉及影响绿色市场形成的另一重要因素,即绿色社会的形成。人们对环境问题的意识、生活方式等都会影响消费偏好和选择。一项实证调研表明,环境意识和教育程度等文化背景都会影响消费者对高效节能家用电器的购买意愿。[③] 这样的调查研究为我们提供了实证证据,但是现实往往更为复杂,绿色社会的形成受多种因素影响,比推动绿色生产转变的驱动力更为多样化。在这个过程中,绿色社会与绿色生产、绿色市场协同演进,三者互动的过程和机理需要在更长的时间段中进行深入的分析。

第二节　价值构建:生态产品价值构建的社会性撬动

一、基于最终产品和中间产品的分类框架

结合马克思在《资本论》中所提出的"产品不仅是劳动过程的结果,同时还是劳动过程的条件"这一观点,根据分析框架中将生态产品价值分为一般生态系统服务、具有生态附加值和溢价性的其他物质产品及服务两

---

① 王一鸣. 中国的绿色转型:进程和展望 [J]. 新华文摘, 2020 (4): 46 - 50.
② 王一鸣. 中国的绿色转型:进程和展望 [J]. 新华文摘, 2020 (4): 46 - 50.
③ Xian'En Wang, Wei Li, Junnian Song, et al. Urban Consumer's Willingness to Pay for Higher-Level Energy Saving Appliances: Focusing on a Less Developed Region [J]. *Resources Conservation and Recycling*, 2020, 157: 104 - 760.

大类，本研究提出将生态产品价值划分为最终生态产品和作为中间产品进入其他劳动过程的生态产品两类。前者是一个劳动过程结束后以自身为载体提供使用价值的产品；后者是以这个使用价值作为其他劳动过程的条件或资料，创造新的使用价值，而这个新的使用价值是以新生产出来的其他产品或服务为载体的。

第一类最终生态产品又可以划分为两类：一是基础性的一般生态系统服务，比如环境净化、养分循环、气候调节等纯公共性的生态产品价值，主要依靠生态系统的自然属性发挥作用，涉及生态系统的基本供给、支撑和调节功能，其价值实现的方式以政府购买为主，依据庇古关于外部性内部化的思路，具体包括生态补偿、补贴，还有污染处理付费、环境税等。

二是基于一般生态系统服务的政策性需求价值，这类生态产品仍是以生态产品本身为载体提供服务，同样涉及供给、支撑和调节等功能。这类具有准公共性的生态产品，也可以借助准市场机制实现价值，包括排污权、碳排放权，也包括一些资源开发权益，如水权、用能权，以及一些碳汇产品、用地指标、森林覆盖率指标等。由于这类生态产品的消费存在市场竞争性，需要引入市场化交易机制。[①]在一定的总量控制下，根据政府制定的规则进行交易。当然，还包括基于这类权利开发的金融衍生品，都可以归入这一类别。目前这类产品的类型非常多，但均可以视为基于一般生态系统服务的延伸性政策需求价值，与基础性的最终生态产品的差别在于，运用准市场交易实现了区域间、产业间的转移支付，而不是直接来自中央政府或当地政府的补贴，但本质上均属于一种生态补偿。

第二类是作为中间产品进入其他劳动过程的生态产品，即将进入农产品、工业产品以及服务的生产及供给过程，作为生态要素参与生产的增值过程，主要涉及的是产品供应和生态文化功能。其中，农产品可以通过绿色有机标示的溢价实现生态附加价值；对于工业产品，其营造的良好生态环境是环境敏感型工业的重要条件，这类产品也可以通过产品的特殊供应或溢价销售实现生态附加价值；对于服务产品，良好景观是现代性服务业

---

① 孙博文，彭绪庶. 生态产品价值实现模式、关键问题及制度保障体系 [J]. 生态经济，2021，37 (6)：13 - 19.

的重要生产要素，生态旅游以及文化服务则可以通过门票、特许经营等实现生态要素的价值。

根据前文关于生态产品内驱力的阐释，释放生态产品能动性的内驱力是一种不消耗或者少消耗的价值理念和发展方式。与这部分的产品分类框架相联系，作为最终产品以自身为载体提供价值的一般是以补偿和准市场交易形式实现，其价值的实现都需要消耗生态环境资源。如果以激发生态产品的内驱力为目标，就需要进行总量限制，并鼓励通过准公共产品的形式进行准市场交易，达成少消耗的目的。而作为中间产品以生态要素形式进入其他生产增值的类型，一般并不涉及生态环境资源的损耗，从内驱力角度来讲更具有价值，可以达到不消耗的目的。

本书提出的基于最终产品和中间产品的分类框架，从生态产品价值形成以及实现的一般过程视角出发，可以通过一种简洁的方式反映生态产品价值以及实现路径的共同点和差异性，具有较强的包容性。这一框架既可以解释目前较为常见的生态产品及其价值实现的类型，也具备分析未来可能出现的新案例和新模式的基础。自然资源部分别于 2020 年 4 月 23 日以及 10 月 27 日推出了两批生态产品价值实现典型案例，根据本研究提出的框架，具体的分类和分析如表 4-1 所示。

表 4-1　基于最终产品和中间产品框架对自然资源部两批生态产品价值实现典型案例的分析

分类	案例名称	具体路径	分类说明
作为最终产品	湖北省鄂州市生态价值核算和生态补偿案例	★自然资源调查、确权、核算 ★设置生态补偿办法	依据对自然资源的全面摸底和核算，主要由政府对公共型生态产品进行购买。
	重庆市拓展地票生态功能促进生态产品价值实现案例	★政府设定复垦和地票使用办法 ★将农村闲置、废弃建设用地复垦为耕地等，其建设用地指标对应的地票可用于新增经营性建设用地	建设用地恢复为耕、林、草类型用地，其建设用地指标随地票出售给新增建设用地申请人，可视为该申请人对耕、林、草生态产品进行了支付。
	重庆市森林覆盖率指标交易案例	★政府设定各类地区的森林覆盖率指标要求 ★搭建森林覆盖率可交易的平台并制定具体办法	将森林覆盖率作为指标交易后，购买指标的地区可视为对森林生态产品进行了购买。

（续表）

分类	案例名称	具体路径	分类说明
	美国湿地缓解银行案例	★确定"补偿性缓解"原则和湿地资源的"零净损失"的目标 ★购买方购买湿地信用，作为生态补偿 ★权责清晰的政府审批和监管部门、购买方、销售方三方体系	购买方从事的开发活动对湿地造成一定损害，购买湿地信用相当于进行了生态补偿。
作为中间产品进入其他价值创造	福建省厦门市五缘湾片区生态修复与综合开发案例	★城乡、海域综合环境整治和生态修复 ★公共设施和生态景观配套 ★高端文体、旅游、商业等产业联动	该案例中的生态产品经过营造和提升后，作为其他产业以及区域发展的生态要素，在支撑整体区域经济发展的同时，自身的生态价值也得以实现。
	福建省南平市"森林生态银行"案例	★政府设立生态银行的平台和机制 ★森林资源摸底和流转 ★林业产业多元化开发	这一案例的关键在于森林资源的产权化和流转，之后生态附加值附着在林业物质产品和服务上通过市场交易实现。
	浙江省余姚市梁弄镇全域土地综合整治促进生态产品价值实现案例	★统一规划和理念进行全域土地环境综合整治 ★平台化打造旅游、康养等多元化生态产业	经整治和修复后的良好生态环境作为生态要素支撑生态型产业的增值。
	江苏省徐州市潘安湖采煤塌陷区生态修复及价值实现案例	★围绕采煤塌陷地进行综合土地和环境整治 ★发展文化、旅游、养老、科教等生态型产业	资源依赖型地区经综合整治后，生态产品供给能力提升，作为中间产品进入其他生态型产业的价值创造过程。
	山东省威海市华夏城矿坑生态修复及价值实现案例	★矿坑修复和环境提升 ★发展文旅产业	矿坑整体环境修复后提供了良好的生态环境，作为生态附加值参与文旅产业发展。
	江西省赣州市寻乌县山水林田湖草综合治理案例	★山水林田湖系统性生态修复 ★推动生态＋工业/光伏/扶贫/旅游等产业发展	山水林田湖生态系统修复提供了更优质的生态产品，作为中间产品以生态要素参与其他产业增值。

（续表）

分类	案例名称	具体路径	分类说明
	云南省玉溪市抚仙湖山水林田湖草综合治理案例	★推进抚仙湖流域腾退工程，国土空间修复 ★促进生态农业、旅游、康养、商务等生态型产业发展	生态环境修复后提供的生态产品，作为生态要素参与了其他生态型产业的增长。
	江苏省苏州市金庭镇发展"生态农文旅"促进生态产品价值实现案例	★综合环境整治和水陆空山水林田湖草系统修复 ★生态农文旅模式的生态产业发展	生态环境资源经综合整治后可以提供更多的生态产品，作为生态型产业发展的生态要素参与增值（案例中也包括部分的公共型生态产品生态补偿）。
	福建省南平市光泽县"水美经济"案例	★水资源摸底与涵养 ★通过水资源-产品-环境-品牌等战略打造生态关联型产业发展	将水资源生态产品作为其他产业产品和服务实现生态溢价的要素。
	河南省淅川县生态产业发展助推生态产品价值实现案例	★山水林田湖草系统治理和监控监管 ★生态农业、绿色工业和生态旅游等服务业发展	生态产品作为生态要素参与生态型产业增值。
	湖南省常德市穿紫河生态治理与综合开发案例	★编制治理规划，开展古运河生态环境治理 ★综合开发文商旅居等产业	生态产品作为中间产品进入其他产业增值过程，分享产业红利。
	江苏省江阴市"三进三退"护长江促生态产品价值实现案例	★滨江沿岸环境修复、品质提升 ★综合打造生态型产业发展	生态产品作为中间产品，成为商业、住宅、农业、旅游业等产业的生态溢价要素。

注：上述案例资料根据自然资源部发布的《生态产品价值实现典型案例》（第一批）[1]和《生态产品价值实现典型案例》（第二批）[2]整理和分析而成。

---

[1] 自然资源部办公厅. 自然资源部办公厅关于印发《生态产品价值实现典型案例》（第一批）的通知［EB/OL］. http://gi.mnr.gov.cn/202004/t20200427_2510189.html. 2020-4-23.

[2] 自然资源部办公厅. 自然资源部办公厅关于印发《生态产品价值实现典型案例》（第二批）的通知［EB/OL］. http://gi.mnr.gov.cn/202011/t20201103_2581696.html. 2020-10-27.

二、生态产品价值构建的社会性撬动

结合对于生态产品内驱力的论述，以及基于最终产品和中间产品的分类框架，可以发现生态产品及其价值实现逐渐显示出社会性资源撬动的特点。比如在中间产品参与其他产品生产和增值的情况下，生态要素的价值实现是依靠市场交易来完成的，社会公众对于绿色有机产品及服务的需求是通过市场平台得到满足的，同时对生态要素的附加价值进行了购买和支付。这个过程调动了社会大众对生态产品的消费意愿和消费能力，在生态产品价值实现中起到了关键性的作用。

而在最终产品提供使用价值的情况下，这种社会性资源撬动的特点也同样显著。随着公共财政补偿强度的下降，来自中央政府或当地政府的补贴减少，而基于政策需要设计并通过区域间、产业间补偿实现的部分比例加大，并且日益多样化、复杂化。在生态环境领域与政府之间引入其他工业、服务业等领域的资源，也使得异地的生态产品价值实现有了更多的方式。与基础性的生态系统服务价值和市场化的生态产品交易相比，这类准市场交易的生态产品更加复杂，更需要政府的引导和规范。

对于这类准市场交易的生态产品，我们需要积极地通过生态创新的方式，根据资源环境整体承载力的科学研判，对标我国生态文明建设的总体目标，对自然资源权益类的生态产品价值实现进行整体设计与引导。经合组织将生态创新定义为"能够带来环境改善的、新的或显著改进的产品（或服务）、生产过程、市场方法、组织结构和制度安排的创造或实施行为"，[①] 不仅强调了技术创新，也同样凸显出制度创新的重要价值。在这类生态产品价值实现模式中，政府与市场紧密结合，从某种程度上来说，政府、政策创造了某种需求，借由市场交易的规则和形式，实现了需求与供给的匹配。

在我国现阶段的实践中，出现了大量的此类型案例。比如重庆率先建立的基于森林覆盖率指标交易的生态产品价值实现模型，实现了异地的转

---

① 蒋金荷，马露露，张建红. 我国生态产品价值实现路径的选择［J］. 价格理论与实践，2021（07）：24－27＋119.

移支付。达到森林覆盖率目标值确有困难的区县，可以向森林覆盖率高出目标值的区县购买森林面积指标，用于本区县森林覆盖率目标值的计算。① 重庆地票交易制度规定，所减少的建设用地指标经过认证后可以成为供交易的地票，耕地的生态产品生产功能随之附载到了地票上，占用耕地的开发者通过市场化机制购买地票，这一付费行为补偿了由于耕地占用损失所造成的生态产品供应能力下降。② 这一举措实现了产业间的补偿。再比如碳汇产品的交易，通过向超出碳排放免费额度的行业或企业出售碳汇抵消额度，也实现了产业间的转移支付。中国碳市场实行的国家核证自愿减排量（CCER）制度，将林业碳汇等项目产生的减排量在碳市场中进行出售，所得的经济效益用来支持此类项目发展，实现了这类生态产品的价值。③ 以生态产品价值为基础的碳金融产品，同样可以实现产业间的资源撬动。比如 2016 年大兴安岭农村商业银行以林业 CCER 预购买权、碳期权合同、碳基金等作为贷款质押物，向大兴安岭地区图强林业局发放首笔额度为 1 000 万元的林业碳汇质押贷款。④ 再以水权交易为例，"贷水"制度在保障流域基本生活用水需求和生态用水需求的前提下，以不超过用水总量为控制红线，满足额外的用水权需求。⑤ 这一水权准市场交易的举措也实现了产业间的资源流动和转移支付。

第三节　价值实现：生态产品价值实现驱动
生态优先、绿色发展的路径

可以将生态产品的价值实现分为两大类，分别作为最终产品实现其价值和作为中间产品实现生态附加值。前者主要包括生态系统基本的供给、

① 王金南，刘桂环. 完善生态产品保护补偿机制 促进生态产品价值实现 [J]. 中国经贸导刊，2021 (6)：44 - 46.
② 张林波，虞慧怡，郝超志，等. 国内外生态产品价值实现的实践模式与路径 [J]. 环境科学研究，2021，34 (6)：1407 - 1416.
③ 洪睿晨，崔莹. 碳交易市场促进生态产品价值实现的路径及建议 [J]. 可持续发展经济导刊，2021 (5)：34 - 36.
④ 洪睿晨，崔莹. 碳交易市场促进生态产品价值实现的路径及建议 [J]. 可持续发展经济导刊，2021 (5)：34 - 36.
⑤ 吴凤平，于倩雯，沈俊源，等. 基于市场导向的水权交易价格形成机制理论框架研究 [J]. 中国人·资源与环境，2018，28 (7)：17 - 25.

调节和支持服务，还包括基于一般生态系统服务的政策性需求价值，其价值实现的主要方式是生态补偿；而后者主要包括生态附加值所进入的生态农产品、生态敏感型工业、生态文化及旅游服务，主要是以生态型的生产要素参与经济增值并获得要素回报实现的。以上是前文构建生态产品价值实现的基本类型和方式。

生态产品价值实现如何驱动生态优先、绿色发展，需要从上述不同的生态产品价值实现类型来分析。

首先，生态补偿实现路径的生态产品价值实现，依据上文的实证分析，对经济增长起到微弱的抑制作用。而对于总体经济水平和三次产业经济增长，根据目前数据显示这种抑制作用并不显著。生态补偿对于生态环境质量的影响表现出显著的促进作用，经济社会水平通过反向调节生态补偿来影响生态环境质量，即如果经济社会水平较高，那么降低生态补偿的力度反而有利于生态环境质量的提升。需要补充的是，虽然生态补偿对于经济增长的作用并不显著，但是对于农林经济占主导的经济结构和体系，仍有可能起到重要的扶持作用。

其次，基于生态附加值要素回报路径的生态产品价值实现，根据上文的实证研究结果，对经济增长特别是第三产业起到比较显著的促进作用，对于生态环境质量来说也表现出显著的促进效应。就交互效应来说，经济社会发展水平通过微弱地正向调节生态附加值实现来影响生态环境质量，即如果经济社会发展水平比较高，那么较高的生态附加值实现水平也能够促进生态环境质量的提升。

图4-1描述了上述的作用过程和路径。经过对比可知，生态补偿类的生态产品价值实现对生态环境质量具有更为直接的促进作用。而生态附加值要素回报类的生态产品价值实现对经济社会增长有比较直接的正面作用，并且较高的经济社会发展水平有助于这类生态产品价值实现提升其生态环境质量水平。以上的过程，通过生态产品价值实现形成了生态环境质量与经济社会发展水平间的良性反馈，将生态环境优势转化为经济增长优势，同时通过良好的经济社会发展基础来支撑、调节生态环境质量的提升，最终实现生态优先、绿色发展的目标。

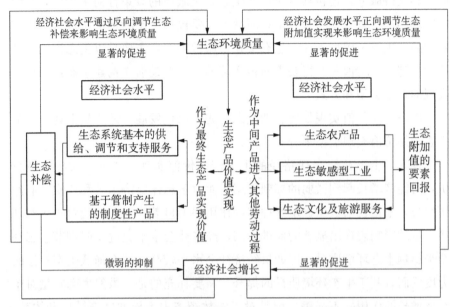

图 4-1 生态产品价值实现驱动生态优先、绿色发展的框架

第五章

生态产品价值实现视阈下生态优先、
绿色发展的实践案例
——基于上海崇明生态岛的分析

第一节 崇明生态岛推进生态优先、绿色发展的
政策历程与战略架构

2007年4月,时任中共上海市委书记习近平在崇明实地调研,并听取崇明规划的相关情况,指出建设崇明生态岛是上海按照中央要求实施的又一个重大发展战略。2017年3月全国两会期间,习近平总书记参加上海代表团审议时,特别叮嘱崇明的生态保护问题。[①] 中央以及上海市对于崇明生态文明的高度重视,不仅更加坚定了崇明岛走生态建设之路的信心,也为崇明实现生态优先、绿色发展的目标提出了基本要求。

崇明生态岛的生态环境资源优势十分显著。崇明以上海近1/5的陆域面积,承载着上海约1/4的森林、1/3的基本农田、两大核心水源地。[②] 崇明严格保护岛屿湿地资源,为生态岛植被、鸟类以及其他河海珍稀动植物营造栖息地,实现了对岛屿生物多样性和生态系统的保护。国家也对崇明生态环境的保护提出了较高要求。根据2010年的《全国主体功能区规划》,

---

① 朱珉迕.[李强一周]开工为何去崇明[EB/OL].上观新闻,https://www.shobserver.com/news/detail?id=81125.2018-2-28.

② 上海市崇明区人民政府.上海市崇明区总体规划暨土地利用总体规划(2017—2035)[R].2018-5.

崇明被列入国家禁止开发地区的有上海崇明东滩鸟类国家级自然保护区、上海东平国家森林公园，以及上海崇明岛国家地质公园。2018 年，国务院批复了《上海市城市总体规划（2017—2035）》，将崇明世界级生态岛列为四大重点生态区域，提出要"锚固生态基底，保护东滩、北湖、西沙等长江口近海湿地以及各类生物栖息地，加强水系整治，建设绿色农业基地，运用生态低碳技术，建设低碳宜居城镇，打造生态文明示范区"。目前，崇明为上海提供了约 50% 的生态服务功能，生态资源十分丰富，是上海名副其实的"绿水青山"。同时，崇明基于良好的生态环境资源，以生态产品价值实现的思路积极探索生态优势向经济社会优势转化之路，在生态优先、绿色发展的战略目标下取得了"绿水青山就是金山银山"的实质性进展。

　　崇明近 20 年来"以生态立岛"，这绝不仅仅只是一句口号。在中央和上海市对崇明生态岛的高度关注下，崇明以科学的理念、不懈的探索和长期的实践，在生态文明理念下积累了大量的建设经验。地方发展模式中的许多试验和探索，往往最终被国家认可并得到推广。[①] 因此，本研究尝试将崇明通过生态产品价值实现推进生态优先、绿色发展作为一个实践案例，以期为我国生态优先、绿色发展进程，以及生态产品价值实现提供实践经验的参照。

　　从政策历程角度看，崇明的生态岛建设始于 21 世纪初。2001 年 5 月，国务院正式批复《上海城市总体规划（1999—2020）》，提出"在城市规划区内，实行城乡统一规划管理，要从长江三角洲区域整体协调发展的角度，对全市实行统筹规划"，其中特别提到"要深入研究崇明岛的发展条件，纳入全市发展战略统筹考虑"，并明确提出要将崇明建设成为生态岛，并作为改善上海城市整体生态环境质量的重要任务之一。《上海市城市总体规划（1999 年—2020 年）》作为上海第五轮城市总体规划编制的成果，将上海的发展空间从"浦江时代"拓展到"长江时代"。[②] 而处于长江入海口的崇明生态岛，也就成为潜在的联通上海、江苏等地的生态空间战略节点。

---

① 张汉. 在变动中寻求国家、市场与社会的结构性契合与协同——对发展型国家理论及中国模式的比较研究 [J]. 经济社会体制比较，2014（3）：121-131.
② 任翀. 那些年你所不知道的上海规划 [N]. 解放日报，2014-5-26（2-3）.

2006 年 3 月，市政府批复了《崇明三岛总体规划（崇明县区域总体规划）2005—2020》，明确提出建设崇明现代化综合生态岛的总体定位。此前原宝山区的长兴乡、横沙乡划归崇明县管辖，崇明县由崇明、长兴、横沙三岛组成。该总体规划明确提出，崇明是 21 世纪上海可持续发展的重要战略空间，通过三岛功能、产业、人口、基础设施联动，努力把崇明建成环境和谐优美，资源集约利用，经济社会协调发展的现代化生态岛区。同时，三岛各自定位和目标也非常清晰，即将崇明、长兴、横沙三岛分别建设成综合生态岛、海洋装备岛、生态休闲岛。

2010 年 1 月，上海市政府发布《崇明生态岛建设纲要（2010—2020年)》（以下简称《纲要》），提出以科学的指标评价体系为指导，大力推进资源、环境、产业、基础设施和社会服务等领域的协调发展，把生态保护和环境建设放在更加突出的位置，加强项目建设、措施管理和政策配套，聚焦对自然资源的保护利用、循环经济和对废弃物的综合利用、能源利用和节能减排、环境污染治理和生态环境建设、发展生态型产业、完善基础设施和公共服务六大行动领域，力争到 2020 年形成崇明现代化生态岛建设的初步框架。

2016 年之后，崇明生态岛建设进入一个新的阶段，在上海实行新一轮城市总体规划的背景下，上海提出建设生态之城的目标，这对崇明生态岛的建设提出了更高的标准及要求。同时，由于近年来我国对于生态文明发展以及制度体系建设的重视程度日益提升，生态环境治理在空间上出现了区域性、流域性的发展趋势。体现在相关的政策规划对崇明生态岛建设也提出了服务长江经济带、长三角生态型城市群、上海生态之城建设的具体要求上。同时在崇明生态建设层面，对国家、长三角，以及上海市的生态建设政策作出了积极的回应。

在长江经济带层面，2016 年的《长江经济带发展规划纲要》为长江沿岸的生态和城镇发展指明了方向，提出坚持生态优先，绿色发展，共抓大保护，不搞大开发的基本原则。提出要按照全国主体功能区规划的要求，建立生态环境硬约束机制，列出负面清单，设定禁止开发的岸线、河段、区域、产业，强化日常监测和问责。要抓紧研究制定和修订相关法律，使全面依法治国的要求覆盖到长江流域。要有明确的激励机制，激发沿江各省市保护生态环境的内在动力。要贯彻落实供给侧结构性改革决策部署，在改革创新和发展新动能上做"加法"，在淘汰落后、过剩产能上做"减法"，走出一条绿色低碳循环发展的道路。从这个意义上讲，崇明作为位于长江河口的生态岛，功能指向非常明确，任何形式的大规模开发或者高强度的建设，都将给长江流域及长江河口原本脆弱的生态环境带来负面效应，对整个长江流域的生态环境体系可能造成"牵一发而动全身"的影响。

在长三角区域层面，2016年的《长江三角洲城市群发展规划》提出，优化提升长三角城市群，必须坚持在保护中发展，在发展中保护，把生态环境建设放在突出和重要位置，紧紧抓住治理水污染、大气污染、土壤污染等关键领域，溯源倒逼，系统治理，带动区域生态环境质量全面改善。具体到崇明生态岛的地理和生态空间类型，提出严格保护重要滨海湿地、重要河口、重要砂质岸线及沙源保护海域、特殊保护海岛及重要渔业海域。崇明生态岛位于长江河口，拥有大量的滩涂湿地资源，是长江三角洲城市群重要的生态空间，对于提升长三角城市群整体的生态文明建设水平起着关键作用。2019年，中共中央、国务院印发了《长江三角洲区域一体化发展规划纲要》，提出合力保护重要生态空间，切实加强生态环境分区管治，强化对生态红线区域的保护和修复，确保生态空间面积不减少，保护好长三角可持续发展生命线。其中特别提到，要统筹山水林田湖草系统治理和空间协同保护，……加快崇明岛生态建设。

在上海市层面，2017年国务院批复《上海市城市总体规划（2017—2035）》，将长江口战略协同区作为四大重点战略协同区之一，提出推动崇明世界级生态岛建设。促进宝山、崇明、海门、启东、嘉定、昆山、太仓等跨界地区的协作发展。优化长江口地区产业布局，严格保护沿江各城市水源地，推进沿江自然保护区与生态廊道建设。此外，将崇明世界级生态岛作为四大重点生态区域，提出要锚固生态基底，保护东滩、北湖、西沙等长江口近海湿地，以及各类生物栖息地，加强水系整治，建设绿色农业基地，运用生态低碳技术，建设低碳宜居城镇，打造生态文明示范区。

在崇明层面，2016年12月，《崇明世界级生态岛发展"十三五"规划》的发布标志着崇明生态岛建设进入世界级生态岛建设的新阶段。该规划将崇明定位为最为珍贵、不可替代、面向未来的生态战略空间，是上海重要的生态屏障和21世纪实现更高水平、更高质量绿色发展的重要示范基地，是长三角城市群和长江经济带生态环境大保护的标杆和典范。未来要努力建成具有在国内外发挥引领示范效应、社会力量多方位共同参与等开放性特征，具备生态环境和谐优美、资源集约节约利用、经济社会协调可持续发展等综合性特点的世界级生态岛。根据该规划，"十三五"期间，水体、植被、土壤、大气等生态环境要素品质不断提升，森林覆盖率达到30％（目前为近24％），森林覆盖率全市第一，自然湿地保有率达到43％，地表水环境功能区达标率力争达到95％，城镇污水处理率达到95％，农村生活污水处理率达到100％，绿色食品认证率达到90％，居民人均可支配收入比2010年翻一番以上。

　　2021年1月，《崇明区国民经济和社会发展第十四个五年规划和二〇三五年远景目标纲要》发布，提出坚持生态优先、绿色发展主线，坚持全生态、高品质、国际化发展方向，深入实施"＋生态""生态＋"发展战略，以世界级生态岛建设总目标为战略指引，重点是打造高能级生态，推动高质量发展，创造高品质生活和实现高效能治理。崇明"十四五"规划提出的目标是生态环境质量稳定向好，生态要素品质全面提升，生态安全系统更加牢固，生产生活方式绿色转型成效显著，地表水考核断面水质达标比例达到100％，城镇污水集中处理率达到99％，生活垃圾回收利用率达到39.5％，森林覆盖率达到31％。全社会固定资产投资总额累计达到800亿元，绿色优质农产品认证率不低于90％，规模以上工业总产值达到600亿元，旅游接待人次达到千万级。居民生活水平和质量稳步提高，农村居民人均可支配收入增长速度快于经济增长，新增就业累计不少于4.5万人，学前教育优质园比例达到60％，每千人口执业（助理）医师数达到2.15人。

　　从"十三五"和"十四五"两个时间段的规划对比中可以发现（见表5-1、表5-2），后者的规划指标更加全面具体，在生态环境质量提升要求的基础上，增添了许多绿色发展和增长相关的指标，指标数量也从17个增加到25个。新的规划继续保留了森林覆盖率、自然湿地保有率、占全球种群数量1％以上的水鸟种数等关键性生态环境指标，同时还提升了国民体质达标率、每千人口执业（助理）医师数、人才资源总量、学前教育优质园比例、养老机构床位总量占户籍老年人口比重等事关民生福祉的指标。新规划还对经济增长、公共预算，以及相关资产投资的指标提出了一定的要求，表明新的时期崇明在进一步提升生态环境质量和治理水平的前提下，同时积极将生态环境优势转化为经济发展优势，谋求实现生态优先导向下的全面绿色发展。

表 5-1　《崇明世界级生态岛发展"十三五"规划》相关指标

序号	指标名称	单位	属性	2015 年	2020 年
1	森林覆盖率	%	约束性	22.53	30
2	自然湿地保有率	%	约束性	38.07	43
3	占全球种群数量 1% 以上的水鸟种数	种	预期性	7	10
4	地表水环境功能区达标率	%	约束性	78	95 左右
5	城镇污水处理率	%	约束性	85	95
6	农村生活污水处理率	%	预期性	16	100
7	生活垃圾资源回收利用率	%	预期性	28.8	80
8	环境空气质量优良率（以 AQI 表征）	%	约束性	74.8	78
9	常住人口规模	万人	约束性	69.6	70 左右
10	建设用地总量	平方公里	约束性	262	265（比原 268 的规划建设用地目标减少 3）
11	能源消耗总量年均增速	%	约束性	/	不高于 2
12	单位生产总值能源消耗降低率	%	约束性	/	17
13	可再生能源装机量	万千瓦	预期性	29	50
14	千兆网络覆盖率（城镇化地区）	%	预期性	/	100
15	绿色交通出行比重	%	预期性	76	80 以上
16	绿色食品认证率	%	预期性	27.5	90
17	居民人均可支配收入增长	%	预期性	/	比 2010 年翻一番以上

注：数据摘录自《崇明世界级生态岛发展"十三五"规划》。

表 5-2　崇明区"十四五"规划主要指标

序号	指标名称	属性	目标
1	全区增加值增长率	预期性	努力快于全市经济增速
2	区级地方一般公共预算收入年均增长率	预期性	5%
3	全社会固定资产投资总额	预期性	累计 800 亿元左右
4	社会消费品零售总额年均增长率	预期性	8%
5	农业亩均产值	预期性	4 250 元
6	绿色优质农产品认证率	预期性	≥90%
7	农业科技进步贡献率	预期性	80%
8	规模以上工业总产值	预期性	600 亿元左右
9	旅游直接收入年均增长率	预期性	15% 以上
10	单位地区生产总值能耗降低	约束性	完成市下达目标
11	生态空间面积	约束性	保持稳定
12	地表水考核断面水质达标比例	约束性	100%
13	城镇污水集中处理率	约束性	99%
14	森林覆盖率（现有口径）	约束性	31%
15	空气质量指数（AQI）达到优良天数比例	预期性	85%
16	自然湿地保有量	约束性	≥24.8 万公顷
17	占全球种群数量 1% 以上的水鸟物种数	预期性	保持稳定
18	生活垃圾回收利用率	约束性	39.5%
19	农村居民人均可支配收入增长/全体居民人均可支配收入增长	预期性	快于经济增长/与经济增长保持同步
20	新增就业	约束性	累计不少于 4.5 万人
21	学前教育优质园比例	预期性	60%
22	每千人口执业（助理）医师数	预期性	2.15 人
23	养老机构床位总量占户籍老年人口比重	预期性	≥3%
24	国民体质达标率	约束性	97%
25	人才资源总量	预期性	8.4 万人

注：数据摘录自《崇明区国民经济和社会发展第十四个五年规划和二〇三五年远景目标纲要》。

以上有关国家、区域、城市，以及区县层面的各项政策及战略相互交织，构成了崇明世界级生态岛生态优先、绿色发展的总体政策进程，也是崇明生态岛实现这一目标的总体战略架构，相关的要点梳理如表5-3所示。

表5-3 崇明世界级生态岛生态环境治理政策协同的战略框架

规划体系和层级	规划名称	主 要 内 容
国家层面	党的十九大报告	★必须树立和践行"绿水青山就是金山银山"的理念，坚持节约资源和保护环境的基本国策。 ★统筹山水林田湖草的系统治理，实行最严格的生态环境保护制度，形成绿色发展方式和生活方式，坚定走生产发展、生活富裕、生态良好的文明发展道路，建设美丽中国，为人民创造良好生产生活环境，为全球生态安全做出贡献。
	国家"十四五"规划	★加快推动绿色低碳发展。强化国土空间规划和用途管控，落实生态保护、基本农田、城镇开发等空间管控边界，减少人类活动对自然空间的占用。强化绿色发展的法律和政策保障，发展绿色金融，支持绿色技术创新，推进清洁生产，发展环保产业，推进对重点行业和重要领域的绿色化改造。降低碳排放强度，支持有条件的地方率先达到碳排放峰值，制定二〇三〇年前碳排放达峰行动方案。 ★持续提升环境质量。继续开展污染防治行动，建立地上地下、陆海统筹的生态环境治理制度。强化多污染物协同控制和区域协同治理，加强细颗粒物和臭氧协同控制，基本消除重污染天气。治理城乡生活环境，推进城镇污水管网全覆盖，基本消除城市黑臭水体。推进化肥农药减量化和土壤污染治理，加强白色污染治理。全面实行排污许可制，推进排污权、用能权、用水权、碳排放权市场化交易。
区域层面	长江经济带发展规划纲要	★坚持生态优先，绿色发展，共抓大保护，不搞大开发。 ★按照全国主体功能区规划要求，建立生态环境硬约束机制，列出负面清单，设定禁止开发的岸线、河段、区域、产业，强化日常监测和问责。
	长三角城市群发展规划	★服务长三角生态型城市群建设。 ★紧紧抓住治理水污染、大气污染、土壤污染等关键领域，溯源倒逼，系统治理，带动区域生态环境质量全面改善，在治理污染、修复生态、建设宜居环境方面走在全国前列。

（续表）

规划体系和层级	规划名称	主　要　内　容
		★严格保护重要滨海湿地、重要河口、重要砂质岸线及沙源保护海域、特殊保护海岛及重要渔业海域。 ★严格控制特大城市和大城市建设用地规模，发挥永久基本农田作为城市实体开发边界的作用。
城市层面	上海城市总体规划（2017—2035）	★服务上海生态之城建设。 ★促进宝山、崇明、海门、启东、嘉定、昆山、太仓等跨界地区的协作发展。 ★优化长江口地区产业布局，严格保护沿江城市水源地，推进沿江自然保护区与生态廊道建设。
	上海市"十四五"规划	★锚固生态基底，保护东滩、北湖、西沙等长江口近海湿地及各类生物栖息地，加强水系整治，建设绿色农业基地，建设低碳宜居城镇，打造生态文明示范区。 ★大气、水、土壤、绿化等生态环境质量稳定向好，主要污染物排放总量持续减少，公园数量达到1000以上，人均公园绿地面积持续扩大，生态空间规模与品质得到新提升，城乡环境更加宜居宜人，绿色低碳生产生活方式更加深入人心，成为自觉行动。 ★崇明要坚持生态优先、绿色发展，大力实施"＋生态""生态＋"发展战略，加快发展高端制造、智能制造、绿色制造，持续推进世界级生态岛建设，成为长三角城市群和长江经济带生态大保护的典范。
区层面	崇明世界级生态岛发展"十四五"规划	★坚持生态优先、绿色发展主线，坚持全生态、高品质、国际化发展方向，深入实施"＋生态""生态＋"发展战略。 ★重点是打造高能级生态，推动高质量发展，创造高品质生活和实现高效能治理。 ★生态环境质量稳定向好，生态要素品质全面提升，生态安全系统更加牢固，生产生活方式绿色转型成效显著。
	崇明2035	★落实规划建设用地"负增长"的总体要求，严守人口规模、土地资源、生态环境、城市安全底线，实现可持续发展。 ★坚持最严格的节约用地制度和最严格的耕地保护制度。到2035年，规划建设用地规模不超过265平方公里。

注：本表资料根据相关政策规划文件整理而成。

第二节 崇明生态岛生态优先、绿色发展的价值理念

一、遵循"生态岛"定位

崇明本身所具有的生态资源优势非常显著，是上海生态基底的重要组成部分。截至 2016 年 10 月，崇明岛面积不足全市 20％，但拥有全市 30％的自然资源，保育全市 40％的生态资产有效当量，提供近 50％的生态服务功能。习近平总书记说："绿水青山就是金山银山。"而占崇明总面积 85％的这些森林、农田、滩涂、湿地，就是"金山银山"，是崇明世界级生态岛优质生态资产，潜藏着巨大的价值。可以说，崇明在生态文明建设上有先天的优势。基于这些资源，崇明积极探索第一、二、三产业融合发展的思路，借助农旅结合、体旅结合等方式挖掘"生态＋"的价值，将崇明的绿水青山转化为金山银山，多年来坚持以实际行动践行党提出的生态文明先进理念。

崇明世界级生态岛建设，始终遵循着尊重自然、顺应自然、保护自然的生态文明理念。为此，崇明提出了自然法则下的全生态概念，作为世界级生态岛建设的指引，具体表现为"＋生态"和"生态＋"的交叠布局和推进。其中，"＋生态"是指经济发展特别是产业发展要积极地生态化，大到产业整体布局，小到各个项目都要坚持污染防控，提高资源利用效率，而"生态＋"是要挖掘生态本身的产业和经济价值，形成基于生态优势的绿色发展方式。

二、坚持一张蓝图干到底

自生态立岛以来，崇明坚持一张蓝图干到底，持续大力进行生态环境治理与保育。自 21 世纪以来，崇明制定了一系列重要的发展规划，2001年，崇明县级层面编制《上海市崇明县县域结构规划（2000—2020）》，提出将崇明建成"具有上海国际大都市远郊特色、面向 21 世纪的生态型海岛"。2006 年，上海市政府批复市规划局和崇明县政府组织编制的《崇明三岛总体规划（崇明县区域总体规划）2005—2020》，明确提出建设现代

化综合生态岛的总体定位。2010 年，上海市政府发布《崇明生态岛建设纲要（2010—2020 年》，提出把生态保护和环境建设放在更加突出的位置，加强项目建设、措施管理和政策配套，力争到 2020 年形成崇明现代化生态岛建设的初步框架。2016 年 12 月，上海市政府印发《崇明世界级生态岛发展"十三五"规划》，标志着迈入世界级生态岛建设新阶段。这些相互衔接的发展规划始终沿着生态文明建设的路径不断优化，回应并引导着崇明生态岛的后续建设。

自崇明开启生态岛建设历程后，有两个关键的时间节点，可以说是崇明发展的里程碑式事件。一是 2009 年长桥隧桥工程完工并投入使用以及 2011 年崇启通道开通，崇明从一座孤岛变为一座岛桥。二是 2016 年崇明撤县设区，在行政建制上进一步融入上海大都市，结束了县制历史，成为上海市的最后一个区。从 2016 年开始，在长江经济带、长三角城市群，以及上海城市总体规划的背景下，上海对崇明生态岛建设进行进一步的区域协同提出了明确要求。因此，崇明生态岛的发展无论在交通条件还是战略目标上都突破了"岛屿"原有的局限。

在这两个关键的转折时刻，崇明依然坚持生态立岛，在发展价值观、空间布局、产业规划等方面更加全面地推进生态文明建设。根据自身的生态优势，提高政治站位，贯彻实施长江经济带战略"共抓大保护、不搞大开发"的总体要求，坚持服务长三角建设生态型城市群以及上海建设生态之城的总体目标，提供生态服务，彰显生态价值，坚持一张蓝图干到底，更加坚定地推动生态岛建设在新起点上实现新跨越。

第三节　崇明生态岛生态环境优势和经济发展劣势共存

相对来说，崇明产业经济发展的基础比较薄弱，其生态环境优势和经济增长劣势同样显著。

第一，在三次产业增长方面，以 2016 年上半年和 2018 年上半年崇明三次产业情况发展为例，从总量来看，增加值总量、三次产业的增加值均在增加，但增长率情况较为复杂，与上一年相比，第一产业的增长率降低，第二产业的增长率提升幅度较大，而第三产业的增长率也在降低。从三次产业在增加值总量的比重来看，第一、二产业的比重在降低，而第三

产业的比重升高，总体上产业结构不断调整，但经济增长率存在产业差异。（见表 5 - 4）

表 5 - 4　崇明区三次产业变化情况（2016 年、2018 年）

三次产业	总量（亿元）		同比（%）		比重（%）	
	2016 年	2018 年	2016 年	2018 年	2016 年	2018 年
增加值	148.7	167.5	7.0	5.5	100	100
一产	6.7	6.9	−5.0	1.2	4.5	4.1
二产	64.1	66.1	4.3	2.4	43.1	39.5
三产	77.9	94.5	10.8	8.1	52.4	56.4

第二，在农业总产值方面，崇明近年来的情况较为复杂，从 2012 年的 58.7 亿元增长到 2014 年的 62.4 亿元，后逐渐下降至 2016 年的 58.9 亿元。由于产业调整和升级进程加快，农业在我国经济较发达省份和地区的经济结构中所占的比例日渐下降，但崇明一直以来保持着上海农业大县的位置。虽然崇明在农业领域有较显著的优势，然而其增加值和三产增加值情况不是很乐观，在上海市 8 个郊区（闵行、嘉定、宝山、奉贤、松江、金山、青浦、崇明）中，崇明的增加值处于末位。以 2016 年为例，与增加值最高的闵行区相差高达 6 倍。而在崇明内部，从乡镇层面来看，增加值主要来长兴镇，即高端战略性装备制造产业的贡献，2016 年长兴镇的增加值约为 73 亿元，而位于第二、三位的城桥镇和陈家镇的增加值分别为 16 亿元和 15 亿元。崇明的三产增加值近年来持续增长，增长幅度在各年度也较为均衡，但与三产最高值增长最大的区相比仍相差较大，约为 6 倍。

第三，在规模以上六大重点行业增长方面，以 2016 年上半年和 2018 年上半年崇明规模以上六大重点行业的经济数据为例，2016～2018 年的总产值略有升高，而分行业产值增减不一：金属制品、机械和设备修理业、铁路、船舶、航空航天和其他运输设备制造业的产值有所下降，其他均为升高。而在同比增减上，2016 年六大行业总产值同比增加 8.3%，分行业产值为五减一增，仅有铁路、船舶、航空航天和其他运输设备制造业的产值同比增加 14.2%，其他均为减少。2018 年六大行业总产值同比无增减，分行业产值为三增三减，其中金属制品、机械和设备修理业、仪器仪表业、通用设备制造业分别同比增加 25.3％、10％、6.7％，而金属制品业、铁路、船舶、航空航天和其他运输设备制造业、电气机械和器材制造业分别同比减少 6.1％、1.3％、8.3％。（见表 5-5）

表 5-5　规模以上六大重点行业增长情况（2016 年、2018 年）

重点行业	产值（亿元）		同比（％）	
	2016 年	2018 年	2016 年	2018 年
金属制品、机械和设备修理业	10.3	8.9	−6.9	25.3
仪器仪表业	1.5	2.1	−13.1	10
金属制品业	9.5	10.8	−5.5	−6.1
通用设备制造业	13	14.1	−0.2	6.7
铁路、船舶、航空航天和其他运输设备制造业	105.1	101.4	14.2	−1.3
电气机械和器材制造业	5.5	9	−7.0	−8.3
总计	144.9	146.3	8.3	0.0

第四，在崇明特色产业海洋装备业变化的方面，以 2016 年上半年和 2018 年上半年崇明海洋装备制造业的数据为例，2016 年上半年，海洋装备业的工业生产总量比去年同期有明显的增长，全县海洋装备产业实现工业总产值 123.0 亿元，同比增长 11.9％，占全县工业总产值的 69.3％。2018 年上半年，全区海洋装备制造业实现产值 117.9 亿元，占工业总产值的 65.4％，同比下降 0.9％。变化波动较大，产值降幅不断扩大。

第四节　崇明生态岛的生态产品价值实现

崇明位于长江入海口、东部沿海海岸交界地带。从具体位置上看，崇明生态岛跨长江与江苏省海门市和启东市隔水相望，通过上海长江隧桥、崇启通道分别与上海市浦东新区、江苏省启东市相接。城市、河口、海岸、农业等生态系统在此处形成复杂的交织网络，导致其生态环境非常脆弱，也最易受到周边区域的影响，特别是容易受到位于长江入海口处的上海、江苏生态环境以及产业发展的交叠影响，同时，这一地理位置对于提升长三角城市群整体的生态文明建设水平也有着至关重要的影响。基于上述的生态敏感性和绿色产业潜力，崇明厚植生态环境优势，并基于生态优势提供生态产品，通过多方位的生态补偿与生态产业高质量发展战略，促进生态产品的价值实现，在扭转经济劣势促进经济增长的同时，也为生态环境质量的不断提升提供支撑。

一、多方位的生态环境建设补偿

崇明生态岛在生态环境建设历程中，得到了多方位的生态补偿（见图 5－1），以支撑生态环境治理活动。

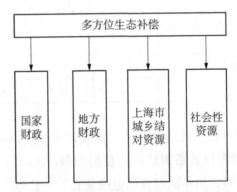

图 5－1　崇明生态建设的多方位生态补偿

首先，地方财政为生态环境建设提供了有力的支持，如表 5－6 所示，以 2012 年到 2020 年为例，崇明环保支出占 GDP 的比例稳步上升，从 2012 年的 6.69%，增加至 2020 年的 7.34%，2019 年曾高达 8.5%。图 5－2 显示的是 2012～2019 年崇明农村环境保护投资和城市基础环境设施建设投资的变化情况。总体来说，城乡环境投资都处于较高的水平，城市基础环境设施建设投资的波动较大，2012 年为 10.8 亿元，2019 年小幅下降至 10.23 亿元。相比之下，农村环境保护投资则上升幅度较大，从 2012 年的 1.37 亿元，上升至 2019 年的 6.05 亿元，2015 年曾达到 9.85 亿元，反映出崇明对农村环境整治的重视和投入较大。

表5-6　崇明环保支出占 GDP 的比例（2012～2020 年）　　单位：%

年份	2012	2013	2014	2015	2016	2017	2018	2019	2020
比例	6.69	6.78	6.82	6.89	6.94	6.98	7	8.5	7.34

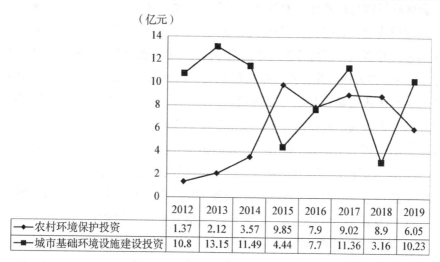

（亿元）	2012	2013	2014	2015	2016	2017	2018	2019
农村环境保护投资	1.37	2.12	3.57	9.85	7.9	9.02	8.9	6.05
城市基础环境设施建设投资	10.8	13.15	11.49	4.44	7.7	11.36	3.16	10.23

图5-2　崇明城乡环境投资情况（2012～2019 年）

　　政府补贴还体现在居民生活节能和新能源推广方面的市场活动中。
2013 年，崇明太阳能热水器普及率达 50% 以上，政府实施"阳光工程"，
通过政府补贴 30%，厂商让利 20%，居民实际到手的太阳能热水器产品，
只花了市场价一半的钱，这减轻了农村居民的用能负担。[①] 2011 年，作为
后世博重点技术应用和推广的示范区之一，崇明生态岛开始使用新能源公
交车。当时上海市已明确将崇明作为上海新能源汽车示范应用区，编制的
崇明岛新能源汽车示范应用规划中提出到 2020 年实现崇明公共服务交通目
标，并以公共交通逐步扩展到公务用车、市容环卫用车，及私人购买新能
源汽车，市经信委提出到 2015 年实现陈家镇公共服务交通"零排放"、全
岛 50% 左右公共服务交通"零排放"，到 2020 年实现岛内公共服务交通
"零排放"，新能源汽车保有量达到 10 万辆。[②]

　　其次，上海市其他区通过城乡结对的形式，对崇明生态环境建设给予
了很大的支持。比如徐汇区凌云街道于 2010 年 11 月与崇明浜西村达成了

────────────

① 绿色清洁能源走进千家万户 [N]．崇明报，2014-9-6（1）．
② 绿色公交车年内驶入崇明 [N]．崇明报，2011-8-20（1）．

"城乡结对帮扶协议"，每年为浜西村投入帮扶资金 50 万元，整个帮扶工作
为期 3 年，2010 年浜西村金瓜滞销，也是凌云街道首先伸出援手，为农民
雪中送炭，凌云街道还帮助村里修建道路和进行景观路的绿化建设。[①] 浦
东新区高行镇与白港村、米洪村开展帮扶活动以来，帮助结对村实施村级
道路建设改造 15.5 公里，新建、改建村级办公用房近 500 平方米，新建粮
田渠道 2 万多米，销售特色农产品 12 万元，先后慰问困难家庭、扶助困难
学生 1500 多人次，累计投入帮扶资金近 200 万元。[②] 2014 年 11 月，崇明
县与闵行区达成城乡帮扶项目协议，闵行区挑选经济实力最强的吴泾镇、
莘庄镇、梅陇镇、虹桥镇、七宝镇和莘庄工业区 6 家单位，分别与建设镇、
庙镇、城桥镇、三星镇、新村乡、新河镇 6 个乡镇进行结对，帮扶共涉及
18 个经济薄弱村，闵行结对单位每年将向崇明结对单位提供不少于 10 万
元的帮扶资金，并积极开展党建、精神文明、基础设施建设、慰问帮困等
多层次、多形式的帮扶活动。[③] 城乡结对引入资源可以通过多种形式，涉
及帮扶资金的直接投入，既有对道路、粮田渠道等基础设施的新建和改
建，还延伸到了社会帮扶和精神文明建设层面。这种帮扶活动一方面是作
为崇明服务上海生态建设目标的回馈；另一方面，与传统财政转移支付思
路不同，这种补偿和支持实现的层面日益下行，通过村镇之间签订协议框
架或者达成协议的自发形式进行，并且显现出双方互惠共赢的特点，如帮
助崇明特色农产品的销售，不仅解决了农产品滞销的问题，引入优质农产
品还丰富了引入区居民的食品结构。

表 5-7　崇明通过城乡结对形式获得的生态补偿

年份	结对单位	帮扶资金投入	基建帮扶	其他活动
2011	徐汇区凌云街道崇明浜西村	每年 50 万元	修建道路、景观路绿化	解决农民金瓜滞销问题
2012	浦东新区高行镇崇明白港村、米洪村	累计近 200 万元	村级道路建设改造、新建改建村级办公用房、新建粮田渠道	销售特色农产品、慰问困难家庭、扶助困难学生

---

① 城乡结对谋发展 [N]. 崇明报，2011-8-6 (3).
② 深化结对友谊共促城乡发展 [N]. 崇明报，2012-7-14 (2).
③ 城乡结对搭平台　互动交流共发展 [N]. 崇明报，2014-11-22 (1).

（续表）

年份	结对单位	帮扶资金投入	基建帮扶	其他活动
2014	闵行区吴泾镇、莘庄镇、梅陇镇、虹桥镇、七宝镇、莘庄工业区崇明建设镇、庙镇、城桥镇、三星镇、新村乡、新河镇	结对单位每年不少于10万元	基础设施建设	党建、精神文明、慰问帮困

　　再次，国家层面对崇明生态岛建设也给予了财政支持，特别是早期启动基本设施和生态修复方面，比如2002年，国家林业局批复崇明东滩湿地生态示范区工程，下达建设项目中央财政预算内专项资金投资计划，明确国债投资585万元。同年，上海市计划委员会批复《崇明东滩鸟类自然保护区（一期）工程可行性报告》的建设项目，其中市级建设财力资金投入1000万元，并将之作为国家林业局批复下达投资计划中的地方配套资金，同时确保国家林业局2002年批复项目的顺利实施，明确上海市林业局为市级建设财力1000万元的投资主体。①

　　最后，崇明未来还将通过新能源示范或林业碳汇自愿减排交易这类政策性生态产品促进生态优势的转化。2016年，崇明发改委发布《崇明县"十三五"循环经济发展规划》，其中特别提出要积极促进本地新能源项目与上海市碳交易平台的对接，推进自愿减排（CCER）项目核证，以此来加大资金支持力度。此外，随着碳达峰、碳中和倒计时开启，上海提出2025年实现排放达峰。崇明制定了《崇明世界级生态岛碳中和示范区建设工作方案》，下阶段重点在加快重点领域节能降碳、推进产业转型升级、优化能源结构、加强生态环境保护和碳汇建设、加强资金保障和技术攻关、广泛凝聚社会共识六方面进行努力。② 可见，碳汇建设和碳汇类的生态产品将成为今后崇明生态岛的重要建设领域之一，也将为崇明生态建设进一步吸纳资源做出贡献。

---

① 上海市林业局关于调整崇明东滩湿地生态示范工程基本建设项目可行性研究报告的请示［EB/OL］. 上海市绿化和市容管理局、上海市林业局网站，http：//lhsr. sh. gov. cn/sites/wuzhangai_lhsr/zhengcefagui_content. aspx？infoId＝da0c6e97-8382-478a-a28b-1b57cac48514&ctgId＝3eb436ce-8916-43bc-ae32-9f7942c7af1b，2007-2-2.
② 金旻矣. 崇明全力打造碳中和示范区［N］. 新民晚报，2021-4-28（8）.

二、高生态附加值促进生态岛绿色高质量发展

崇明自 21 世纪初便坚定地选择了生态岛建设的道路，经过 20 多年的生态岛建设，已经成为上海生态基底的重要组成部分，具有重要的生态保育和生态涵养价值，一直以来是上海自然生态环境质量较高的区之一。在投入生态建设和环境治理的基础上，崇明生态岛将生态优势适时转化为经济优势，通过高生态附加值促进绿色高质量发展，寻找新的经济社会增长点，最大程度地提升生产效率，同时，将对资源、环境和社会的损害降到最低，坚持生态优先、绿色发展的目标。通过十余年来对生态环境的潜心建设，在当今全球生态治理以及我国生态文明建设不断推进之际，可以看到，崇明生态建设并不是产业和经济发展的障碍，而是恰逢跨越式发展的巨大机遇。

20 世纪八九十年代，崇明在长三角地区的工业经济大发展中也曾有过令人生羡的发展，但是囿于当时"孤岛"带来的种种困境，崇明选择了生态岛建设的道路，在生态建设和环境治理的基础上，围绕"＋生态"和"生态＋"战略，推动产业发展与环境保护的并进。崇明以高生态附加值促进生态岛绿色高质量发展主要表现在以下四个方面：一是生态农业出发，以高标准推动生态农业纵深发展，并联打造多种业态，以科技为驱动推动生态农业、旅游、休闲的延伸发展；二是严格推动制造业结构的高度生态化；三是以"智慧＋"助力"生态＋"，旨在实现发展与保护的双赢；四是积极推动生态产业升级、融合与延伸，如图 5-3 所示：

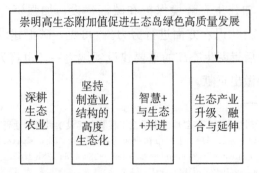

图 5-3　崇明高生态附加值促进生态岛绿色高质量发展

（一）深耕生态农业

1. 生态农业发展与物种保护并重

崇明历来是上海的农业大县（区），实现经济发展与生态环境保护的双赢必然要以生态农业为出发点。崇明通过符合生态系统循环共生规律的生产技术以及生产模式，大力提升农业产量和质量。河蟹养殖是崇明的传统特色养殖业之一，稻蟹养殖这种模式，充分利用了生物系统的共生、互补和调节功能，不仅提升了各农产品的产量和产值，也使得崇明农产品具备了新的特色和品质。在各乡镇中，陈家镇的稻蟹种养面积最大，稻蟹种养也已成为陈家镇很多农民增收的特色产业。

崇明大范围研发并推广了共养、立体种养，以及循环种养等种植模式，比如稻蟹共养、"蚯蚓＋芋艿＋黄鳝"立体种养等含金量较高的农业生产模式。其中的稻蟹共养模式于2000年前后试验成功，并持续在崇明进行推广，是崇明农业发展的重要经验之一。这种循环种养模式盘活了农田各类种养资源，使农民大幅增收成为可能。

然而，提高产量和效益并不是崇明生态农业的唯一目标，崇明对于物种的保护也非常重视，在需要以传统方式养殖以保证品种纯正性的案例上坚持生态物种保护的原则。纯种崇明白山羊与杂交羊有着完全不同的体貌特征，在经济利益上远不如杂交羊的收益高，因此市场上大部分白山羊也都是杂交的，纯种白山羊的数量极为有限。纯种白山羊的存在，对于维持崇明乃至全国生物物种的丰富意义重大。崇明非常珍视这一物种的存在，对白山羊进行地方品种的鉴定，并设立专门的保育场，保障纯种白山羊的饲养和销售。崇明白山羊已被列入国家种质资源保护品种名单，并获得国家地理标志。虽然舍弃了眼前的收益，但物种丰富性从长远来看是更大的自然和社会财富，这是对"保护生态环境就是保护生产力"这一理念的有力诠释。

2. 以高标准推动生态农业纵深发展

2018年春节后的第一个工作日，上海市委书记李强来到崇明，提出"将来在农业生产中做到全岛不用化肥、减少农药用量，最终不使用农药"的要求。为此崇明划定5家约1万亩生产基地，即三星镇新平合作社、新河垦区北湖现代农业发展有限公司、竖新镇春润合作社、中兴镇万禾合作社、农业园区新弘公司，积极尝试实施"无化肥、无化学农药"的'两无化'模式。时任上海市市长应勇于 2017 年 8 月来到崇明,提出崇明农业发展的两条路:一是杀出绿色农业的血路;二是闯出生态经济的新路。这是上海市委、市政府领导对崇明生态产业特别是生态农业提出的新要求。

"两无化"种养模式是对近年来崇明绿色种养模式的升级,代表着绿色农业领域的最高绿色标准。近年来崇明普遍推广的诸如"稻蟹"等循环立体种养模式也可以通过生态系统内部的循环达到减量施用农药、化肥的目的,提升崇明绿色农产品的质量。总体上来讲,崇明农业的化肥施用量和农药施用量近年来日益减少,以 2012 年到 2016 年为例,化肥施用量减少约 20%,农药施用量也减少约 20%。而崇明提出的"两无化"种植模式在更高的标准下将生态农业的绿色、安全特点发挥到极致。从"两无化"大米开始,这一种植模式还将拓展到翠冠梨、柑桔、蔬菜等,在种植过程中严格执行绿色标准。

对于如何实施"两无化"模式,在"六个统一标准"(即统一主栽品种、统一肥料供给与管理、统一生物防控、统一技术指导服务、统一订单生产、统一品牌营销)的基础上,崇明从方案设计、智力支撑、流程监管,以及销售推广方面进行了精细的规划。首先,崇明区农委制定《优质水稻订单农业实施方案》,对种植区域和生产主体锁定、科技支撑、标准规范、绿色生产、智慧管控、政策保障和品牌销售等方面进行了详细规划;其次,崇明区将建立"两无化"大米生产专家库,引进国内外水稻先进生产技术,全程为优质大米生产提供技术支持;再次,崇明运用物联网和人工智能等先进技术打造智慧农业新模式,不断完善农产品安全监管措施;最后,创新崇明大米的销售推广方式,2018 年 1 万亩"两无化"优质大米全部以订单化、网络化、新零售等方式进行销售。[①] 从一般的市场竞争规律来看,"两无化"大米产量低、成本高,无法参与到市场竞争中,对此,由政府整合各方资源,统一进行运作,保障农产品的高标准生产和销售。

3. 生态科技促进业态延伸

在农副产品种类研发方面,崇明积极引进国外先进技术,与知名品牌联合,提高品牌认知度和影响力,并由此丰富了产业形态。2012 年,崇明

---

① 两无化大米主动对标国际一流 [N]. 崇明报,2018-5-23 (2).

从日本、瑞典引进冷冻真空干燥生产线和流态化单体速冻生产线，生产各类冻干、速冻果蔬产品。在果蔬产品的生产中引入冻干技术不仅是对崇明农产品体系的丰富，并且解决了崇明农业中果蔬生产和销售的大难题。崇明的农产品产量相对较高，但如果发生滞销的情况，很可能面临产量增而产值不增的窘境，通过冻干技术保留果蔬产品的营养成分，通过改变产品形式开拓新的销售市场，是崇明通过技术提升进行农业发展的新思路。

　　另一业态延伸的典型案例是围绕生态农业实现休闲旅游和文化体验的一体化。位于崇明县北七滧现代农业开发区的中新泰生农场，通过养猪业和种植业实现了循环的连体农场模式。这一案例初步实现了农产品产业业态的扩展和延伸，农场利用养殖业和种植业的物质、能量循环利用营造了循环农业基础环境，为游客提供短期游览服务，还在市区配设销售点，供应农场的特色农产品，这些都是围绕农耕文化体验经济展开的产业扩展活动。崇明的老毛蟹养殖也是当地特色之一，崇明结合农旅结合思路进行产业延伸，在西沙湿地明珠湖畔将建成综合养殖、体验、餐饮和农产品销售的"蟹文化基地"。

（二）坚持制造业结构的高度生态化

　　2009年上海长江隧桥建成通车之际，崇明彻底结束了"孤岛"历史，交通条件的改变给崇明带来了新的发展机遇。然而，崇明依然坚持生态立岛，坚持绿色 GDP 导向，在产业结构上遵循生态化的构建原则。

　　1. 项目进岛要过产业导向、能耗和环境评价"三关"

　　习近平总书记强调，要"坚决摒弃损害甚至破坏生态环境的发展模式，坚决摒弃以牺牲生态环境换取一时一地经济增长的做法"。[①]崇明以实际行动践行了这一理念。2009年长江隧桥投入使用之前，崇明出台《崇明工业产业导向和布局指南》，明确对列入限制类和禁止类项目的产业说"不"。按照崇明产业规划布局，进入岛内的投资项目必须过"三关"，即产业导向、能耗、环境影响评价，因此，崇明拒绝了不少投资项目。据报道，仅隧桥开通后的短短一个月内，崇明就"拒资"十亿元。[②]崇明已经

---

① 习近平：推动我国生态文明迈上新台阶［EB/OL］．https：//www.12371.cn/2019/01/31/
　　ART11548918623585399.shtml，2019-1-31.
② 陶健，张敏．短短一个月，拒资十亿元［N］．解放日报，2009-12-4（1）.

清晰地意识到，以牺牲生态环境质量为代价，而达到短期内 GDP 的增长
是极不理智的，有悖于生态立岛的原则，以崇明目前的发展模式来看，也
是不利于经济发展的，这种"短平快"的经济发展方式早已被崇明所
摒弃。

2. 现有"两高一低"项目"关停迁"

除了对有意进岛的企业采取"招商选资"政策之外，崇明对现有的
"两高一低"企业实行严格的"关停迁"。从 2007～2013 年共关、停、迁
"两高一低"项目 184 项，产值减少 27.1 亿元，降耗折合标准煤 28 万吨，
腾出土地 3748 亩，园区外污染企业占比从 2007 年的 10.9% 降低到 2012
年底的 3%。以崇明庙镇为例，过去以钢铁业为支柱产业，在关停沪宝公
司在内的 5 家钢铁企业后，镇财政税收少了 1500 万元，全镇工业总产值
从过去的 20 亿元锐减至 4 亿元，还要解决好 400 余名失业职工再就业问
题。[①] 尽管短期内面临巨大损失，但是从长远的可持续发展的角度看，崇
明的产业调整是生态岛建设目标下的必然选择。生态岛通过产业结构调
整，淘汰落后产能，拒绝高污染产业，有利于促进崇明产业结构更好转
型。在世界级生态岛建设的理念下，"先污染后治理"或是"边污染边治
理"的做法都不可取。

(三)"智慧＋"与"生态＋"并进

2011 年 10 月，崇明生态岛智慧岛数据产业园项目正式启动，这是上
海智慧城市建设在崇明生态岛的重要产业部署，也意味着崇明产业体系结
构在"生态＋"基础上开启了"智慧＋"探索之路。2010 年，上海十几家
软件公司向市委市政府反映了软件发展的高成本和人才困境。当时崇明主
动提出依托数据产业园助力上海软件业发展的想法。2015 年，崇明智慧岛
数据产业园进入全面建设阶段。多个主要项目陆续动工，主要以 IT（信息
技术）企业、高新企业、投资类企业为主，绿色无污染是入园的前提条
件。崇明智慧岛数据产业园积极开拓园区合作和区县合作的新模式。2012
年 12 月，上海市政府《沪府（2012）121 号》文件批准智慧岛数据产业园
纳入张江高新区管理范围。

---

① 6 年关停迁"两高一低"项目 184 项 [N]. 崇明报，2013-8-26 (1).

　　智慧岛产业园之所以建成于崇明岛，主要得益于崇明良好的生态环境。智慧岛产业的发展离不开吸引众多信息技术高端人才来到崇明，而崇明多年来生态建设取得的环境成果成为吸引人才的重要条件。产业园位于陈家镇核心开发区，周边的湿地、林地、田园等形成的生态体系为园区提供了良好的生活工作环境。此外，长江隧桥工程和崇启通道的投运赋予了崇明一定的区位优势，为崇明的智慧产业发展和信息技术人才聚集提供了便利的交通条件。

（四）生态产业升级、融合与延伸

　　随着崇明生态农业服务功能的升级，以生态为核心，乡村多产业融合、延伸的发展思路日渐清晰，在生态附加值的基础上叠加了健康、文化等溢价价值，这些都对于生态产品和服务的价值实现提供了利好的条件。《上海市崇明区都市现代绿色农业发展三年行动计划（2018—2020年）》提出，要形成与世界级生态岛相匹配的都市现代绿色农业发展格局，实现农业高科技、高品质、高附加值发展目标。国家科技部与上海市共同合作打造了多利农庄崇明基地，这是全国首家都市低碳有机农业示范基地，也是上海世博有机蔬菜特供基地。这一低碳农业研发与示范项目集"蔬果种植、水产养殖、加工配送、休闲度假、观光旅游、务农体验"为一体，充分利用风能、沼气、太阳能、秸秆等多种可再生能源。[1] 可以看出这是循环经济理念在都市农业发展中的一个综合性展示，从肥料、废物处理、灌溉到雨水系统，全程运用低碳循环技术，在低碳农业方面进行积极探索。

　　崇明多年来营造良好生态环境，除了能够为都市农业基地建设提供基础条件，还在都市休闲旅游等领域进行产业融合。人们来到崇明不仅可以体验到传统农耕文化的乐趣，还可以享受现代都市环境之外的自然风光，放松身心。以此为思路，崇明以绿色农业为特色，以良好生态为优势，挖掘以农业为基础的产业串联优势，实现了新兴产业的高效发展。在传统的农家乐基础上，出现了开心农场这一相对成熟的模式。通过整合农村土地、房屋、农林等资源，打造集生态旅游、观光、科普、文化度假等功能于一体的新型农旅发展模式。开心农场与传统农家乐的区别主要在于市场

---

① 多利农庄入驻生态崇明 [N]. 崇明报，2011-8-24（1）.

的统一标准化管理，虽然农家乐也需要办理一定的证件手续，但在具体经营中很难对其划定更高的标准，而开心农场的经营须由政府部门设立相关门槛和标准，还要引入必要的其他资金以及管理经验，是更为有组织的标准化市场经营行为，有助于保障市场的有序运行，对游客的饮食、住宿、休闲活动等提供更好的服务。

此外，崇明的地理条件和自然环境使其很早就与骑行运动结缘。自2007年开始，崇明专业的自行车赛升级为国际性赛事。除了举办专业赛事，骑行的大众参与度也很高。2010年"上海市民骑游崇明明珠湖"活动吸引了岛外百余名自行车运动爱好者。[①] 崇明将围绕骑游、路跑、足球和水上运动这"四大项目"建设运动休闲基地，并按照体旅结合的思路将这四大主题的运动休闲和产业基地建设成崇明都市休闲旅游的特色品牌。

第五节　崇明生态产品价值实现对生态优先、绿色发展的影响——基于系统动力学的分析

一、崇明生态岛绿色发展系统动力模型的构建

（一）崇明生态岛绿色发展系统动力模型的框架

前文初步梳理了崇明生态岛推进生态优先和绿色发展的政策举措和价值理念，并且梳理了崇明案例在生态产品价值实现方面的一些重要线索。在此基础上，本节借助崇明生态建设和经济社会发展的部分数据，通过实证方法分析崇明生态产品价值实现是如何影响其绿色发展的，探讨在不同的政策情景下生态产品价值实现的作用。

生态产品价值的实现与经济社会系统的互动分不开，由此构成了一个绿色经济社会发展系统，各类要素在其中相互影响并且构成一定的反馈。本章基于崇明生态建设的背景和基础，构建了崇明生态岛绿色发展系统动力模型。该模型由4个子系统构成，分别是人口子系统、经济子系统、环境子系统和土地资源子系统，这4个子系统相互关联。

---

① 彰显生态特色　打造绿色品牌 [N]. 崇明报，2012-2-4 (2).

其中，人口子系统和经济子系统主要反映的是经济社会发展的情况。三次产业的经济增长得益于固定资产投入、劳动力投入，以及资源环境水平的影响，其中劳动力的因素则与人口子系统相关。而环境子系统和土地资源子系统则体现出资源环境的水平，主要与工业经济活动相关的环境污染将会给其他领域的经济增长带来负面的影响。而林地等自然资源丰沛可以获得更多的生态补贴，这也意味着与之相关的生态产品通过补偿的途径获得了较高程度的价值实现，这种补贴对崇明生态岛历年的发展起到了非常积极的作用，尽管从大样本回归分析中发现生态补贴对产业经济并没有显著的积极作用，但对于崇明地方案例，生态补贴类型的生态产品价值实现方式对经济的正面作用不能忽视，至少对于第一产业农林经济的增长存在一定程度的影响。同时，特别是通过生态附加值要素回报这种生态产品价值实现方式，自然资源水平较高对旅游、健康、体育和休闲等第三产业经济增长也有助益。此外，资源环境保护措施对第二产业的发展普遍具有抑制的作用，这在之前的大样本回归分析中也有所反映，虽然这种影响在研究意义上还不显著，但在崇明案例中，长期立足于生态岛建设使得崇明对制造业企业的选择和环境治理都十分关注，设立了严格的标准，从总体上来讲使第二产业发展受到明显的影响，因此在本模型的设计中纳入这种因素。

根据以上崇明生态岛绿色发展系统动力模型的设计思路，结合绿色发展相关变量间的关系特征，主要有以下因果反馈关系：

（1）增加值的提升促使三次产业资本投资增加，一产增加值提升，其中的林业增加值升高，森林面积提升，绿色农林面积提升，代表第一种生态产品价值实现方式的一产绿色补贴提升，一产增加值随之得到提升。

（2）增加值的提升促使三次产业资本投资增加，一产增加值提升以及林业增加值升高，森林面积随之提升，农林地面积提升，产生一定的生态附加值相关的产业发展效应，代表第二类生态产品价值实现的生态要素回报价值增加，三产增加值提升。

（3）增加值的提升促使三次产业资本投资增加，一产增加值提升以及林业增加值升高，森林面积随之提升，农林地面积提升，这一指标反映出的生态环境保护理念和措施，一定程度上抑制第二产业经济的增长。

（4）增加值的提升促使三次产业资本投资增加，二产增加值提升，工业增加值随之变化，由此引发的工业环境污染水平也出现变化，这将对三产经济增长产生负面影响。

具体的因果反馈回路如图 5-4 所示：

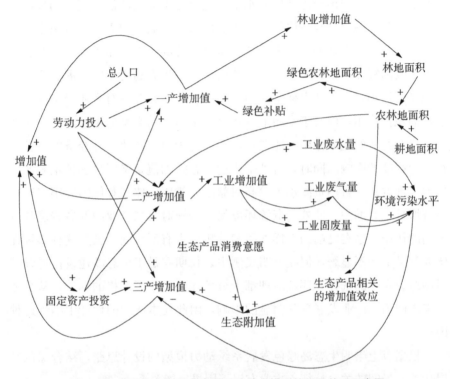

图 5-4　崇明生态岛绿色发展系统动力模型的因果关系示意图

（二）各子系统的结构与参数说明

本节采用 Vensim PLE 软件构建系统动力模型，采用 2011～2019 年的崇明生态岛生态环境建设的相关数据，将情景模拟的时段设置为 2011 年到 2030 年，步长为 1a，人口子系统、经济子系统、环境子系统和土地资源子系统的主要结构和参数说明如下：

1. 人口子系统

如图 5-5 所示，人口是绿色发展系统的基础性因素，以人口总数为水平变量，随人口自然变化率而变动。由于崇明是上海最重要的生态涵养区域，承担着重要的生态环境功能，基于资源环境承载力，人口数量处于较

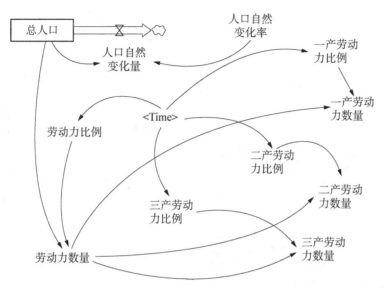

图5-5　崇明生态岛绿色发展模型人口子系统示意图

严格的控制中。从本研究的基年 2011 年以来，崇明的人口持续缓慢下降。由于未来生态建设的基调基本保持不变，因此人口总量将保持这一趋势。此外，根据 Vensim 系统动力模型的基本设定，人口总量、劳动力数量等变量的计算如下：

$$P_{i+1} = INTEG\,(PC_{i+1},\ P_i)$$
$$PC_{i+1} = P_i \times PCR$$
$$L = P \times LR \times LP$$

其中，P 代表人口总量，PC 表示人口自然变化量，人口自然变化量取决于人口自然变化率，即 PCR，2011 年人口总量基年值为 687 700。此外，经济活动投入的劳动力数量可以根据人口总量以及相关的比例进行计算，L 为劳动力数量，LR 为劳动力数量占总人口比例，LP 为三次产业各自的劳动力比例。

2. 经济子系统

如图 5-6 所示，经济子系统是绿色发展中的核心子系统之一，其他的人口、资源和环境要素都在这里交汇。水平变量是三次产业的固定资产额，取决于三次产业的固定资产投资额和折旧两个速率变量。三次产业增

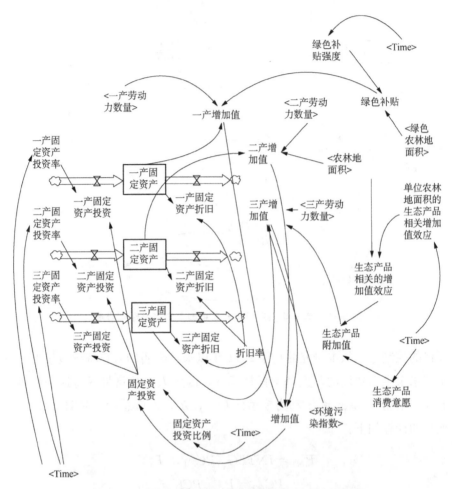

图 5-6　崇明生态岛绿色发展模型经济子系统示意图

加值不仅受到固定资产的影响，还受到劳动力和技术的影响。此外，资源环境水平对经济增长也有不同的影响。具体来讲，生态产品价值实现的两种类型分别对第一、第三产业的增长有积极影响。首先，依据绿色农业以及林地面积的增长，政府补偿对第一产业发展有促进作用，其次，农林地的增加具有一定的旅游、休闲等产业经济效应，基于生态附加值的价值实现方式对第三产业发展具有促进作用。然而，农林地资源的增加对第二产业发展具有抑制作用。而部分第二产业经济活动产生的环境污染则对第三产业的发展有负面影响。以下具体说明对于各类增加值、固定资产、绿色补贴以及农林地面积的计算方式：

$$VA = VA_1 + VA_2 + VA_3$$

$$VA_1 = T_1 \times K_1^{\alpha 1} \times L_1^{\beta 1} \times S^{\gamma 1}$$

$$VA_2 = T_2 \times K_2^{\alpha 2} \times L_2^{\beta 2} \times N^{\varepsilon 2}$$

$$VA_3 = T_3 \times K_3^{\alpha 3} \times L_3^{\beta 3} \times \frac{E^{\theta 3}}{Po^{\delta 3}}$$

$$K_{i+1} = INTEG(KI_{i+1} - KD_{i+1}, \ K_i)$$

$$KI = VA \times KIR \times KIP$$

在以上公式中，VA 为增加值，VA_1、VA_2、VA_3 分别代表第一、第二和第三产业的增加值，T 为技术进步因子，K 和 L 分别代表为固定资产和劳动力数量。除了这些驱动产业发展的要素之外，S 表示第一产业的绿色补贴，可以代表第一种类型的生态产品价值实现形式；E 为促进第三产业发展的生态附加值，可以代表第二种类型的生态产品价值实现形式；N 表示的是农林地面积。Po 是第二产业活动相关的环境污染排放水平。α 为固定资产弹性系数，β 为劳动力弹性系数，γ 为绿色补贴弹性系数，ε 为农林地面积弹性系数，θ 代表生态附加值的弹性系数，δ 是环境污染指数的影响系数。KI 是三次产业固定资产投资，KD 为三次产业固定资产折旧，模拟基期 2011 年三次产业的固定资产额分别为 43.72 亿元、211.26亿元、527.17 亿元，KIR 为固定资产投资比率，KIP 为三次产业固定资产投资率，固定资产折旧率设定为 0.045。

3. 环境子系统

如图 5-7 所示，本研究主要以与第二产业相关的工业污染排放水平作为代表。工业增加值在第二产业增加中占有相当的比例，崇明的工业增加值占第二产业比重在 2011 年高达 90% 左右，而 2019 年这一比例下降到40% 左右，尽管这一比例在未来将持续下降，但工业废水、工业废气和工业固废的排放仍将引发一定的工业污染，3 个变量的水平取决于工业增加值以及单位工业增加值废水排放、单位工业增加值废气排放，以及单位工业增加值固废产生量。这一子系统的工业环境污染水平用以上 3 个变量计算出的指数水平表示，指数计算方法采取熵权法，工业废水量、工业固废量和工业废气量的权重分别为 0.461、0.383 和 0.156。2011～2019 年的历史数据显示，单位工业增加值废水排放量、单位工业增加值废气排放量随着时间的推移在缓慢下降，单位工业增加值固废产生量持续波动，这几个

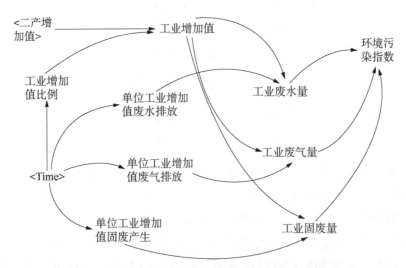

图 5-7　崇明生态岛绿色发展模型环境子系统示意图

指标与时间有一定的关系，但并不显著，通过表函数表示。此外，工业增加值比例根据历史数据和趋势通过表函数计算。相关变量的计算说明如下：

$$IVA = VA_2 \times IVAR$$
$$IWW = IVA \times IWW\ per\ unit$$
$$IWA = IVA \times IWA\ per\ unit$$
$$IWS = IVA \times IWS\ per\ unit$$
$$Po = IWW \times 0.461 + IWS \times 0.383 + IWA \times 0.156。$$

其中，IVA 代表的是工业增加值，$IVAR$ 代表的是工业增加值占第二产业增加值的比例，IWW 是工业废水排放水平，$IWW\ per\ unit$ 是单位工业增加值的工业废水排放量，IWA 是工业废气排放水平，$IWA\ per\ unit$ 是单位工业增加值的工业废气排放量，IWS 是工业固体废物产生量，$IWS\ per\ unit$ 是单位工业增加值的工业固废产生量。Po 是根据各指标权重计算出的环境污染指数。

4. 土地资源子系统

如图 5-8 所示，本研究中的土地资源子系统主要涉及林地、湿地，以及耕地。其中，林地面积与林业增加值挂钩，取决于第一产业中林业增加

值与单位林业增加值新增林地面积。对于湿地和耕地面积，依据 2011～
2019 年的数据及相关规划标准，运用表函数计算。促进第一产业增长的绿
色补贴的多少取决于绿色农林地面积和绿色补贴强度，而绿色农林地面积
通过林地面积、耕地面积，以及绿色农产品所占比例来计算。影响第二产
业增长的农林地面积通过林地面积和耕地面积来计算。促进第三产业增长
的生态附加值，通过生态产品消费意愿与生态产品相关增加值效应的乘积
来计算。崇明的自然资源丰富，尤其表现在有大量的森林和湿地，可以提
供一定量的碳汇产品，基于本研究之前的分类，碳汇产品价值实现可以划
归为基于一般生态系统服务中具有准公共性的生态产品，通过区域间或者
产业间的转移支付实现。但目前这部分还没有持续的数据支撑，暂时无法纳
入对产业经济增长的影响分析，本研究根据土地资源系统的变量，计算出林
地和湿地生态系统的碳汇总量，作为潜在的生态产品价值实现来进行分析。

$$WN = VA_1 \times WVAR \times WNI \ per \ unit$$

$$GN = AN \times GPR + WN$$

$$S = GN \times SI$$

$$N = AN + WN$$

$$E = EPW \times EPVE$$

$$EPVE = N \times EPVE \ per \ unit$$

$$CS = WN \times WF + WEN \times WEF$$

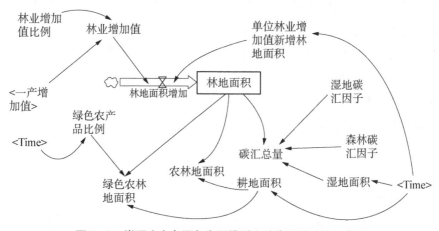

图 5-8　崇明生态岛绿色发展模型土地资源子系统示意图

其中，WN 为林地面积，$WVAR$ 为林业增加值比例，$WNI\ per\ unit$ 为单位林业增加值新增林地面积。GN 为绿色农林地面积，AN 为耕地面积，GPR 为绿色农产品比例。SI 为绿色补贴强度，用环保投入占 GDP 比例替代。N 代表农林地面积。S 为第一产业的绿色补贴，表示第一种类型的生态产品价值实现形式；E 为促进第三产业发展的生态附加值，代表第二种类型的生态产品价值实现形式；EPW 为生态产品消费意愿，用 100 减恩格尔系数来计算；$EPVE$ 为生态产品相关的增加值效应；$EPVE\ per\ unit$ 是单位农林地面积的生态产品相关增加值效应，通过表函数计算。CS 是林地和湿地相关的碳汇总量，WF 为林地碳汇因子，WEN 为湿地面积，WEF 为湿地碳汇因子。林地碳汇因子参照沈月琴等①的研究，湿地碳汇能力参照王法明等②的研究，取盐沼湿地与滨海滩涂碳汇能力的平均值。

（三）模型检验

在搭建出崇明生态岛绿色发展系统动力学模型之后，还需要对模型进行检验，考察模型的数据模拟值与历史数据之间是否有误差，从而保证模型是有效和准确的。本研究通过 Vensim PLE 软件对模型进行模拟，其中总人口、增加值、农林地面积、环境污染指数这四个主要变量的历史值、模拟值，及两者间误差，如表 5 – 8 所示，结果表明误差均在 10% 之内，并且处于减小趋势，达到系统要求，其他各项变量的模拟误差同样在所要求的范围内，证明模型可以稳定、有效地支持对后续各类政策情景的模拟，进而分析生态产品价值实现对经济增长和生态环境质量水平的影响。此外，还进行了模型的敏感性检测，选取绿色补贴强度、绿色农产品比例、生态产品消费意愿三个指标，观察指标的数值变化时，总人口、增加值、农林地面积，以及环境污染指数等主要指标是否仍旧平稳，是否有极端值出现，结果显示通过测试。

---

① 沈月琴，曾程，王成军，等. 碳汇补贴和碳税政策对林业经济的影响研究 [J]. 自然资源学报，2015，30（4）：560 – 568.
② 王法明，唐剑武，叶思源，等. 中国滨海湿地的蓝色碳汇功能及碳中和对策 [J]. 中国科学院院刊，2021，36（3）：241 – 251.

表 5-8　2011～2019 年崇明总人口、增加值、农林地和环境污染指数的历史值、模拟值及误差结果

主要变量	年份	2011	2012	2013	2014	2015	2016	2017	2018	2019
总人口/万人	历史值	68.77	68.54	68.21	67.78	67.23	67.07	67.59	67.86	67.85
	模拟值	68.77	68.44	68.1	67.77	67.44	67.12	66.79	66.46	66.14
	误差	0	−0.0015	−0.0016	−0.0001	0.0032	0.0007	−0.012	−0.021	−0.025
增加值/亿元	历史值	153.90	172.10	192.90	216.70	243.90	275.20	311.10	352.20	378.50
	模拟值	166.70	185.10	200.20	215.20	249.60	278.50	311.00	346.00	367.60
	误差	0.0830	0.0750	0.0380	−0.0070	0.0230	0.0110	−0.00003	−0.0170	−0.02800
农林地面积/万公顷	历史值	8.11	8.15	8.18	8.27	8.23	8.36	8.48	7.95	9.6
	模拟值	8.11	8.29	8.37	8.51	8.56	8.67	8.78	8.19	9.85
	误差	0	0.0170	0.0230	0.0290	0.0400	0.0370	0.0360	0.0320	0.0260
环境污染指数	历史值	911.86	884.49	1004.15	1053.31	1013.49	1071.55	1055.87	1033.19	646.91
	模拟值	959.18	926.99	1047.23	1091.76	1024.39	1005.61	1052.27	1094.77	676.67
	误差	0.0510	0.0480	0.0430	0.0370	0.0110	−0.0620	−0.0030	0.0590	0.0460

二、生态产品价值实现对经济发展和生态环境质量的影响分析

（一）基于生态产品价值实现视角的模拟情景设计

根据本书对生态产品价值实现的分类框架，第一类主要以最终生态产品为价值实现的载体；第二类主要作为中间产品提供生态附加值，并以其他产业的产品及服务为载体进行价值实现。前者通过调节绿色补贴强度、绿色农产品比例、湿地保有面积和森林覆盖率 4 个指标来设定第一类生态产品价值实现的模拟情景参数；后者通过调节生态产品消费意愿、湿地保有面积和森林覆盖率 3 个指标来设定第二类生态产品价值实现的情景参数。需要说明的是，两种生态产品价值实现的方式都有湿地保有面积和森林覆盖率这两个参数，原因在于这是自然资源保护和培育的重要政策指标，在此基础上，才可能实现上述两种类型的生态产品价值，因此在两种模式中都设置了这两个参数。

共有 4 种情景模拟模式，即基准模式、第一类生态产品价值实现调整模式、第二类生态产品价值实现调整模式和混合模式。混合模式是同时调整两种实现情景的参数。基准模式下，所有参数水平保持现有水平，参数的具体设定参照现有参数的水平和历史趋势。第一种生态产品价值实现调整模式下，首先根据崇明相关规划中对湿地和森林保护的目标数值，绿色补贴强度至 2030 年逐渐增加为 10％，绿色农产品比例至 2030 年逐渐增加至 80％，湿地保有面积到 2035 年增加至 6.35 万公顷，森林覆盖率到 2035 年增加至 35％；第二种生态产品价值实现调整模式下，绿色补贴强度和绿色农产品比例不变，湿地保有面积和森林覆盖率的指标和第一种生态产品价值实现调整模式目标数值相同。与生态产品消费意愿相关的恩格尔系数降至 25.2 并保持。另外，虽然模拟时段是 2011 年到 2030 年，这里的湿地和森林政策目标选取了官方规划在 2035 年需达到的数值，更加准确，但这并不影响模型在模拟时段的运行结果。

碳汇产品的交易也是生态产品价值实现的重要潜在路径，虽然由于数据原因，本研究暂无法将碳汇交易价值纳入模拟的模型，但通过计算碳汇总量，可以在后续的模拟结果部分，估计出这部分生态产品的潜在价值。

表5-9　4种模拟情景以及参数设定

情景模式	绿色补贴强度（%）	绿色农产品比例（%）	湿地保有面积（万 m²）	森林覆盖率（%）	生态产品消费意愿
基准模式	保持8.5%	保持42%	保持6.07	基本保持30%*	恩格尔系数保持30
第一种生态产品价值实现调整情景	2030年逐渐上升至10%	2030年逐渐上升至80%	2035年增加至6.35	2035年上升至35%**	不变
第二种生态产品价值实现调整情景	不变	不变	2035年增加至6.35	2035年上升至35%	恩格尔系数降至25.2并保持
混合调整情景	2030年逐渐上升至10%	2030年逐渐上升至80%	2035年增加至6.35	2035年上升至35%	恩格尔系数降至25.2并保持

注：*，经测算，2020年森林覆盖率为30%。如果基本保持这一指标，体现在模型变量上，则2035年的单位林业增加值新增林地面积为0.01万 hm²/亿元。**，如果2035年森林覆盖率提升至35%，则2035年的单位林业增加值新增林地面积为0.04万 hm²/亿元。

（二）生态产品价值实现对经济发展和生态环境质量的影响

图5-9是上述4种模拟情景下2011～2030年崇明增加值的变化趋势。第一类生态产品价值主要通过生态补偿实现，这类补偿对第一产业农林经济的发展起到促进作用；第二类生态产品价值主要通过在其他产品和服务交易中的生态溢价实现，这种生态附加值对第三产业经济的增长起到显著的正向作用。这两种效应在崇明绿色发展模型中都得到了较好的拟合结果，系统的准确性和稳定性已经得到了验证。结果显示，与基准模式相比，基于促进自然资源保护和生态产品价值实现的政策调整，其他三种情景模式对崇明增加值都有显著的提升作用，其中第一类生态补偿模式的增加值提升幅度较小，第二类生态附加值实现模式的增加值提升幅度与第一类相比更大，提升幅度最大的是混合模式。

由于生态产品价值实现的两种形式主要能够促进第一、三产业的发展，因此有必要考察下四种情景模式下第一、三产业增加值的变化及趋势。表5-10显示的是2011～2030年4种模拟情景下第一产业增加值的变

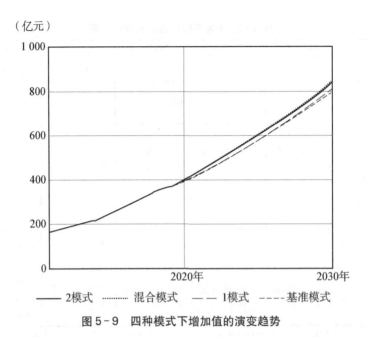

图 5-9 四种模式下增加值的演变趋势

表 5-10 四种模拟情景下第一产业增加值（亿元）的演变趋势

年份	基准模式	1 模式	2 模式	混合模式
2021	23.9022	24.0088	23.9003	24.0068
2022	23.9416	24.1508	23.9372	24.1449
2023	23.9808	24.2894	23.9737	24.2775
2024	24.0211	24.4260	24.0107	24.4061
2025	24.0633	24.5618	24.0513	24.5341
2026	24.1086	24.6984	24.0970	24.6635
2027	24.1583	24.8371	24.1487	24.7954
2028	24.2133	24.9793	24.2074	24.9311
2029	24.2748	25.1266	24.2743	25.0722
2030	24.3440	25.2802	24.3505	25.2200

化。与基准模式相比，其他三种模式对第一产业增加值都有一定的促进作用。其中，第二种类型生态产品价值实现的作用比较小，第一种类型即补贴的提升作用较为显著和直接，混合模式的促进作用最大。图 5-10 显示的是 2011～2030 年 4 种模拟情景下第三产业增加值的变化。与基准模式相

比，其他 3 种模拟情景都显著提升了第三产业的增加值，并且第二种生态附加值实现的效果比第一种生态补贴方式更加显著。尽管生态补贴主要直接作用于第一产业，对第三产业并没有直接的影响，但从模拟结果来看，仍然通过提升自然资源水平间接地为第三产业带来了比较明显的利好。

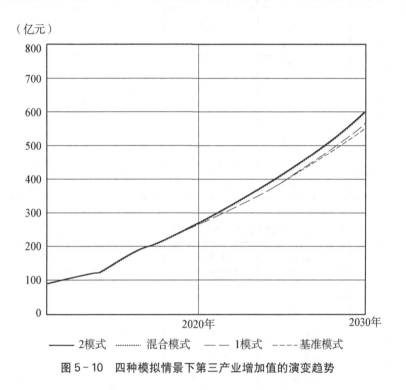

图 5-10 四种模拟情景下第三产业增加值的演变趋势

表 5-10 是上述 4 种模拟情景下崇明环境污染指数在 2021~2030 年的演变及趋势。与基准模式相比，第一种生态产品价值实现模式逐渐实现了污染水平的降低，这主要是由于对农林地资源的保护，用于第二产业增长的土地及其他资源相对减少，因此抑制了第二产业经济的发展，从而降低了来自工业活动的有关污染物排放水平。由于本研究并没有考虑产业结构调整的政策因素，因此在保持现有产业投资结构的前提下，第二种生态产品价值实现的模式使得污染指数水平小幅提升，主要是由于增加值提升幅度较大，相应地对第二产业的投入也有所增加，因此工业污染水平反而有所提升。产业结构以及投资向二产之外的领域倾斜，以及加强污染治理，都可以有效地降低这一指数水平。

表5-11　四种模式下崇明环境污染指数的演变趋势

年份	基准模式	1模式	2模式	混合模式
2021	676.569 0	676.569 0	676.573 0	676.573 0
2022	674.424 0	674.422 0	674.435 0	674.435 0
2023	672.019 0	672.014 0	672.042 0	672.042 0
2024	669.328 0	669.319 0	669.369 0	669.369 0
2025	666.500 0	666.485 0	666.560 0	666.561 0
2026	662.666 0	662.638 0	662.740 0	662.741 0
2027	659.133 0	659.105 0	659.236 0	659.236 0
2028	656.376 0	656.342 0	656.503 0	656.505 0
2029	651.417 0	651.377 0	651.571 0	651.573 0
2030	647.491 0	647.446 0	647.674 0	647.677 0

表5-12　四种模拟情景下林地面积（万公顷）的演变趋势

年份	基准模式	1模式	2模式	混合模式
2021	4.022 2	4.022 2	4.022 2	4.022 2
2022	4.098 8	4.104 2	4.103 8	4.104 2
2023	4.168 6	4.184 6	4.183 5	4.184 5
2024	4.231 4	4.263 2	4.261 1	4.263 1
2025	4.287 1	4.340 1	4.336 7	4.340 0
2026	4.335 8	4.415 3	4.410 2	4.415 1
2027	4.377 4	4.488 6	4.481 8	4.488 3
2028	4.412 0	4.560 1	4.551 4	4.559 7
2029	4.439 5	4.629 8	4.618 9	4.629 2
2030	4.459 8	4.697 7	4.684 5	4.697 0

　　在通过工业环境污染指数考察环境质量之后，下面以林地面积为指标考察崇明自然资源水平的演变趋势。图5-12显示的是2011~2030年崇明林地面积的变化情况。与基准模式相比，其他三种模式对林地面积的增加都有显著的促进作用，其中在绿色补贴的模拟情景下，林地面积增加的幅

度是最大的，而第二种基于生态附加值的生态产品价值实现模式对林地面积增加的促进作用较小。

　　崇明生态岛地处长江口，湿地和林地等自然资源较为丰富，在一般生态系统服务的准公共产品市场交易中也有较大潜力。尽管碳汇总量对于经济增长和环境的影响因缺乏稳定的数据暂未被纳入反馈回路，但是仍然可以通过估计碳汇总量的演变趋势，来初步分析碳汇产品的经济潜力。表 5-13 显示的是 2021～2030 年 4 种情景模式下崇明湿地和林地碳汇量的变化。与基准模式相比，第一类基于绿色补贴实现的生态产品价值实现模式比第二类模式的增汇效果更好，结合两种模式的混合模式的增汇量是最显著的。2021 年 7 月，全国首笔碳交易价格为每吨 52.78 元。如果以这一价格计算，基于混合模式，崇明湿地和林地碳汇量的潜在经济价值约为 2 529 万～2 669 万元。需要说明的是，生态系统碳汇量的交易与碳排放权交易存在差异，是碳排放权交易的一个补充，无论是作为自愿核证减排量纳入碳排放权交易体系，还是作为企业或社会自愿购买的碳汇量，实际实现的经济价值一般会低于以上计算的潜在价值。

表 5-13　4 种模式下崇明湿地和林地碳汇量的演变趋势

单位：万吨二氧化碳

年份	基准模式	1 模式	2 模式	混合模式
2021	47.807 3	47.925 0	47.925 0	47.925 0
2022	47.998 6	48.236 7	48.235 8	48.236 7
2023	48.153 5	48.544 4	48.541 9	48.544 4
2024	48.301 8	48.848 1	48.843 1	48.848 0
2025	48.433 5	49.147 7	49.139 6	49.147 4
2026	48.548 6	49.443	49.431 3	49.442 5
2027	48.647 0	49.734 1	49.718 2	49.733 4
2028	48.728 7	50.021 0	50.000 3	50.020 0
2029	48.793 6	50.303 5	50.277 8	50.302 2
2030	48.841 6	50.581 7	50.550 5	50.580 0

　　通过对以上变量演变趋势的分析可以发现，生态产品价值实现相关的

政策调整确实对增加值的提升具有正向的促进效应。而对于资源环境水平，两种不同的生态产品价值实现模式的作用存在一定的差异：第一类基于补贴的实现模式能够显著降低工业环境污染水平，并且较大幅度地增加林地面积，而第二类基于生态附加值实现的模式虽然也可以较少地增加林地面积，但在不考虑产业结构调整变化的背景下，有可能在一定程度上增加污染。基于崇明生态岛案例的系统动力模型模拟结果，本章为第四章所构建的理论框架提供了一些实证的证据，直观地勾勒出绿色发展系统中各个变量间可能存在的关系，并且模拟的结果显示生态产品价值实现对经济增长和资源环境质量都具有积极的作用，但同时不能忽视的是，不同类型实现模式的具体作用也具有复杂性。

本书中所构建的崇明生态岛绿色发展系统动力模型，初步考察了生态产品价值实现对经济增长和资源环境水平的影响。但鉴于绿色发展体系的多元化和复杂性，模型的构建仍然需要在后续研究中进一步完善，比如模型中并没有考虑碳排放的因素，在碳达峰、碳中和的背景下，碳排放量对于环境水平提升和能源调整都至关重要，同时与碳汇量这类生态产品价值的实现密切相关，因此后续研究可将能源使用和碳排放等变量纳入模型。

参考文献

一、中文文献

（一）著作类

[1] 习近平. 习近平谈治国理政（第二卷）[M]. 北京：外文出版社，2017.

[2] 毛寿龙，李梅. 有限政府的经济分析 [M]. 上海：上海三联书店，2000.

[3] 郇庆治. 文明转型视野下的环境政治 [M]. 北京：北京大学出版社，2018.

[4] 生态环境部环境与经济政策研究中心. 中国环境战略与政策研究（2018年卷）[M]. 北京：中国环境出版集团，2019.

[5] 保罗·R. 伯特尼，罗伯特·N. 史蒂文斯. 环境保护的公共政策 [M]. 穆贤清，方志伟，译. 上海：上海人民出版社，2004.

[6] 埃莉诺·奥斯特罗姆等. 制度激励与可持续发展基础设施政策透视 [M]. 陈幽泓等，译. 上海：上海三联书店，2000.

[7] 蕾切尔·卡森. 寂静的春天 [M]. 王思茵，梁颂宇，王敏，译. 南京：江苏文艺出版社，2018.

[8] 保罗·科利尔. 被掠夺的星球——我们为何及怎样为全球繁荣而管理自然 [M]. 姜智芹，王佳荐，译. 南京：江苏人民出版社，2019.

[9] 阿瑟·莫尔，戴维·索南菲尔德. 世界范围的生态现代化——观点和关键争论 [M]. 张鲲，译. 北京：商务印书馆，2011.

[10] 濮德培. 万物并作：中西方环境史的起源与展望 [M]. 韩昭庆，译. 北京：生活·读书·新知三联书店，2018.

[11] 迪特尔·赫尔姆. 自然资本：为地球估值 [M]. 蔡晓璐，译. 北京：中国发展出版社，2017.

（二）期刊类

[12] 夏志强. 国家治理现代化的逻辑转换 [J]. 中国社会科学，2020 (5)：4-27.

[13] 郑石明. 国外环境政治学研究述论 [J]. 政治学研究，2018 (5)：91-102.

[14] 周珂，林潇潇. 环境生态治理的制度变革之路——北欧国家环境政策发展史简述 [J]. 人民论坛学术前沿，2015 (1)：35-52.

[15] 李晓西，赵峥，李卫锋. 完善国家生态治理体系和治理能力现代化的四大关系——基于实地调研及微观数据的分析 [J]. 管理世界，2015 (5)：1-5.

[16] 国务院发展研究中心课题组. 未来 15 年国际经济格局变化和中国战略选择 [J]. 新华文摘，2019 (6)：48. 原载于《管理世界》，2018 (12).

[17] 王一鸣. 中国的绿色转型：进程和展望 [J]. 新华文摘，2020 (4)：46-50. 摘自《中国经济报告》2019 (6).

[18] 大卫·施朗斯伯格，文长春. 重新审视环境正义——全球运动与政治理论的视角 [J]. 求是学刊，2019 (5)：50-63.

[19] 安娜·佩格斯，杰奥尔杰塔·维德坎-奥克托，维尔弗里德·吕特肯霍斯特，等. 国际绿色能源政策的政治学 [J]. 国外社会科学，2019 (6)：126-136.

[20] 董战峰，葛察忠，贾真，等. 国家"十四五"生态环境政策改革重点与创新路径研究 [J]. 生态经济，2020，36 (8)：13-19.

[21] 郭启光，王薇. 环境规制的治污效应与就业效应："权衡"还是"双赢"——基于规制内生性视角的分析 [J]. 产经评论，2018，9 (2)：116-127.

[22] 沈能，刘凤朝. 高强度的环境规制真能促进技术创新吗？——基于"波特假说"的再检验 [J]. 中国软科学，2012 (4)：49-59.

[23] 王丽霞，陈新国，姚西龙. 环境规制政策对工业企业绿色发展绩效影响的门限效应研究 [J]. 经济问题，2018 (1)：78-81.

[24] 沈月琴，曾程，王成军，等. 碳汇补贴和碳税政策对林业经济的影响研究 [J]. 自然资源学报，2015，30 (4)：560-568.

[25] 王法明，唐剑武，叶思源，等. 中国滨海湿地的蓝色碳汇功能及碳中和对策 [J]. 中国科学院院刊，2021，36 (3)：241-251.

[26] 闫莹，孙亚蓉，耿宇宁. 环境规制政策下创新驱动工业绿色发展的实证研究——基于扩展的 CDM 方法 [J]. 经济问题，2020 (8)：86-94.

[27] 史丹. 中国工业绿色发展的理论与实践——兼论十九大深化绿色发展的政策选择 [J]. 当代财经，2018 (1)：3-11.

[28] 谢一茹，高培超，王翔宇，等. 经济发展预期下的粮食产量与生态效益权衡——黑龙江省土地利用优化配置 [J]. 北京师范大学学报（自然科学版），2020，56 (6)：873-881.

[29] 许荔珊，敖长林，毛碧琦，等. 自然保护区管理中生态与娱乐属性的权衡：一个选择实验的应用 [J]. 生态学报，2020，40 (12)：3944-3954.

[30] 蒋海玲，潘晓晓，王冀宁，等. 基于网络分析法的农业绿色发展政策绩效评价 [J]. 科技管理研究，2020 (1)：236-243.

[31] 李维明，杨艳，谷树忠，等. 关于加快我国生态产品价值实现的建议 [J]. 发展研究，2020，(3)：60-65.

[32] 李佐军，俞敏. 如何建立健全生态产品价值实现机制 [J]. 中国党政干部论坛，2021，(4)：63-67.

[33] 赵子健，田谧，李瑾，等. 基于抵消机制的碳交易与林业碳汇协同发展研究 [J]. 上海交通大学学报（农业科学版），2018，36 (2)：90-98.

[34] 王毅鑫，王慧敏，刘钢，等. 生态优先视域下资源诅咒空间分异分析——以黄河流域为例 [J]. 软科学，2019，(1)：50-55.

[35] 涂成悦，刘金龙. 中国林业政策从“经济优先”向“生态优先”变迁——基于多源流框架的分析 [J]. 世界林业研究，2020，(5)：1-6.

[36] 曾贤刚，虞慧怡，谢芳. 生态产品的概念、分类及其市场化供给机制 [J]. 中国人口·资源与环境，2014，24 (7)：12-17.

[37] 刘伯恩. 生态产品价值实现机制的内涵、分类与制度框架 [J]. 环境保护，2020，48 (13)：49-52.

[38] 石敏俊. 生态产品价值的实现路径与机制设计 [J]. 环境经济研究，2021，(2)：1-6.

[39] 丘水林，靳乐山. 生态产品价值实现：理论基础、基本逻辑与主要模式 [J]. 农业经济，2021，(4)：106-108.

[40] 黎元生. 生态产业化经营与生态产品价值实现 [J]. 中国特色社会主义研究，2018，(4)：84-90.

[41] 孙博文，彭绪庶. 生态产品价值实现模式、关键问题及制度保障体系 [J]. 生态经济，2021，37 (6)：13-19.

[42] 张林波，虞慧怡，郝超志，等. 国内外生态产品价值实现的实践模式与路径 [J]. 环境科学研究，2021，34 (6)：1407-1416.

[43] 黄如良. 生态产品价值评估问题探讨 [J]. 中国人口·资源与环境，2015，25 (3)：26-33.

[44] 董战峰，张哲予，杜艳春，等. “绿水青山就是金山银山”理念实践模式与路径探析 [J]. 中国环境管理，2020 (5)：11-17.

[45] 蒋凡，秦涛，田治威. 生态脆弱地区生态产品价值实现研究——以三江

源生态补偿为例 [J]. 青海社会科学, 2020, (2): 99-104.

[46] 邱少俊, 徐淑升, 王浩聪. 生态银行实践对生态产品价值实现的启示 [J]. 中国土地, 2021, (6): 43-45.

[47] 王金南, 王夏晖. 推动生态产品价值实现是践行"两山"理念的时代任务与优先行动 [J]. 环境保护, 2020, 48 (14): 9-13.

[48] 刘峥延, 李忠, 张庆杰. 三江源国家公园生态产品价值的实现与启示 [J]. 宏观经济管理, 2019, (2): 68-72.

[49] 王慧敏, 洪俊, 刘钢. "水-能源-粮食"纽带关系下区域绿色发展政策仿真研究 [J]. 中国人口·资源与环境, 2019 (6): 74-84.

[50] 钟茂初. 经济增长——环境规制从"权衡"转向"制衡"的制度机理 [J]. 中国地质大学学报 (社会科学版), 2017, 17 (3): 64-73.

[51] 邵凡宇, 曾尚梅, 黄荣荣, 等. 基于供给侧的有机农产品的成本效益分析——以有机水稻为例 [J]. 湖南农业科学, 2018, (5): 96-99.

[52] 陈瑶, 吴婧. 工业绿色发展是否促进了工业碳强度的降低——基于技术与制度双解锁视角 [J]. 经济问题, 2021, (1): 57-65.

[53] 杨顺顺. 系统动力学应用于中国区域绿色发展政策仿真的方法学综述 [J]. 中国环境管理, 2017, 9 (6): 41-47.

[54] 于惊涛, 张艳鸽. 中国绿色增长评价指标体系的构建与实证研究 [J]. 工业技术经济, 2016, 35 (3): 109-117.

[55] 刘鹏飞, 孙斌栋. 中国城市生产、生活、生态空间质量水平格局与相关因素分析 [J]. 地理研究, 2020, 39 (1): 13-24.

[56] 钟树旺, 李彩霞. 农业供给侧结构性改革下农产品成本收益分析——以A农业公司小站稻为例 [J]. 天津农业科学, 2020, 26 (8): 35-40.

[57] 王常伟, 顾海英. 提升上海都市农业效益的若干思考 [J]. 上海农村经济, 2017, (3): 4-9.

[58] 李丹青, 钟成林, 胡俊文. 环境规制、政府支持与绿色技术创新效率——基于2009—2017年规模以上工业企业的实证研究 [J]. 江汉大学学报 (社会科学版), 2020, 37 (6): 38-49.

[59] 宋猛, 薛亚洲. 生态产品价值实现机制创新探析——基于我国市场经济与生态空间的二元特性 [J]. 改革与战略, 2020, (5): 65-74.

[60] 蒋凡, 秦涛, 田治威. "水银行"交易机制实现三江源水生态产品价值研究 [J]. 青海社会科学, 2021, (2): 54-59.

[61] 张文明, 张孝德. 生态资源资本化: 一个框架性阐述 [J]. 改革, 2019, (1): 122-131.

[62] 李维明, 俞敏, 谷树忠, 等. 关于构建我国生态产品价值实现路径和机制的总体构想 [J]. 2020, (3): 66-71.

［63］ 吴凤平，于倩雯，沈俊源，等. 基于市场导向的水权交易价格形成机制理论框架研究 ［J］. 中国人·资源与环境，2018，28（7）：17 - 25.

［64］ 方印，李杰，刘笑笑. 生态产品价值实现法律机制：理想预期、现实困境与完善策略 ［J］. 环境保护，2021，49（9）：30 - 34.

［65］ 何爱平，安梦天. 地方政府竞争、环境规制与绿色发展效率 ［J］. 中国人口·资源与环境，2019，29（3）：21 - 30.

［66］ 罗亚娟. 生态认知与发展权衡——西部地区工业发展的抉择 ［J］. 云南社会科学，2020，（6）：168 - 174＋185.

（三）报纸类和其他资料

［67］ 巩固党和国家机构改革成果 推进国家治理体系和治理能力现代化 ［N］. 人民日报，2019 - 7 - 6（1）.

［68］ 黄雯. 人与自然和谐共生的唯物史观意蕴 ［N］. 中国社会科学报，2018 - 12 - 6（1）.

［69］ 陶健，张敏. 短短一个月，拒资十亿元 ［N］. 解放日报，2009 - 12 - 4（1）.

［70］ 自然资源部办公厅. 自然资源部办公厅关于印发《生态产品价值实现典型案例》（第一批）的通知 ［EB/OL］. http：//gi. mnr. gov. cn/202004/t20200427 _ 2510189. html. 2020 - 4 - 23.

［71］ 自然资源部办公厅. 自然资源部办公厅关于印发《生态产品价值实现典型案例》（第二批）的通知. ［EB/OL］. http：//gi. mnr. gov. cn/202011/t20201103 _ 2581696. html. 2020 - 10 - 27.

二、英文文献

（一）著作类

［1］ Elinor Ostrom. Governing the Commons ［M］. NY：Cambridge University Press，1990.

［2］ Jon Pierre，Guy Peters. Governing Complex Societies ［M］. NY：Palgrave Macmillan，2006.

（二）期刊类

［3］ Garrett Hardin. The Tragedy of the Commons ［J］. *Science*，1968，162（3）：1243 - 1248.

［4］ Elizabeth Economy. Environmental Governance：the Emerging Economic Dimension ［J］. *Environmental Politics*，2006，15（2）：171 - 189.

［5］ Lennart Lundqvist. L. J. Implementation From Above：The Ecology of Power in Sweden's Environmental Governance ［J］. *Governance*，2001，14（3）：319 - 337.

[6] Timea Nochta, Chris Skelcher. Network Governance in Low-carbon Energy Transitions in European Cities: A Comparative Analysis [J]. *Energy Policy*, 2020, 138: 111 - 298.

[7] Andrew Jordan, Andrea Lenschow. Environmental Policy Integration: A State of the Art Review [J]. *Environmental Policy and Governance*, 2010, 20 (3): 147 - 158.

[8] Yves Zinngrebe. Mainstreaming Across Political Sectors: Assessing Biodiversity Policy Integration in Peru [J]. *European Environment*, 2018, 28: 153 - 171.

[9] Holly Doremus. A Policy Portfolio Approach to Biodiversity Protection on Private Lands [J]. *Environmental Science & Policy*, 2003, 6: 217 - 232.

[10] Karl Hogl, Daniela Kleinschmit, Jeremy Rayner. Achieving Policy Integration Across Fragmented Policy Domains: Forests, Agriculture, Climate and Energy [J]. *Environment and Planning C-Government and Policy*, 2016, 34 (3): 399 - 414.

[11] Hens Runhaar. Tools for Integrating Environmental Objectives Into Policy and Practice: What Works Where? [J]. *Environmental Impact Assessment Review*, 2016, 59: 1 - 9.

[12] Mans Nilsson. Learning, Frames and Environmental Policy Integration: The Case of Swedish Energy Policy [J]. *Environment and Planning C: Government and Policy*, 2005, 23: 207 - 226.

[13] Paula Kivimaa, Per Mickwitz. The Challenge of Greening Technologies: Environmental Policy Integration in Finnish Technology Policies [J]. *Research Policy*, 2006, 35 (5): 729 - 744.

[14] Atsushi Ishii, Oluf Langhelle. Toward Policy Integration: Assessing Carbon Capture and Storage Policies in Japan and Norway [J]. *Global Environmental Change-Human and Policy Dimensions*, 2011, 21: 358 - 367.

[15] Suresh Chandra, George Mavrotas, Nilam Prasai. Integrating Environmental Considerations in the Agricultural Policy Process: Evidence from Nigeria [J]. *Environmental Development*, 2018, 25: 111 - 125.

[16] Andrew Ross, Stephen Dovers. Making the Harder Yards: Environmental Policy Integration in Australia [J]. *The Australian Journal of Public Administration*, 2008, 67 (3): 245 - 260.

[17] Åsa Persson, Katarina Eckerberg, Mans Nilsson. Institutionalization or

wither away? Twenty-five years of environmental policy integration under shifting governance models in Sweden [J]. *Environment and Planning C-Government and Policy*, 2016, 34 (3): 478 – 495.

[18] Tan Yigitcanlar, Sang Ho Lee. Korean Ubiquitous-Eco-City: A Smart-Sustainable Urban Form or a Branding Hoax? [J]. *Technological Forecasting & Social Change*, 2014, 89: 100 – 114.

[19] Adam Grydehoj, Ilan Kelman. Island Smart Eco-cities: Innovation, Secessionary Enclaves and the Selling of Sustainability [J]. *Urban Island Studies*, 2016, 2: 1 – 24.

[20] Janet Hering, Karin Ingold. Water Resources Management: What Should Be Integrated? [J]. *Science*, 2012, 336: 1234 – 1235.

[21] Xian'En Wang, Wei Li, Junnian Song, et al. Urban Consumer's Willingness to Pay for Higher-Level Energy Saving Appliances: Focusing on a Less Developed Region [J]. *Resources Conservation and Recycling*, 2020, 157, 104760.

[22] Frank Gollop, Mark Roberts Environmental Regulations and Productivity Growth: the Case of Fossil-fueled Electric Power Generation [J]. *Journal of political economy*, 1983, 91 (4): 654 – 674.

[23] Michael Porter, Claas Van Der Linde. Toward a New Conception of Environment Competitiveness Relationship [J]. *Journal of economic perspectives*, 1995, 9 (4): 97 – 118.

[24] Prajal Pradhan, Luis Costa, Diego Rybski, et al. A Systematic Study of Sustainable Development Goal (SDG) Interactions [J]. *Earth's Future*, 2017, 5 (11): 1169 – 1179.

[25] Maryam Tahmasebi, Til Feike, Afshin Soltani, et al. Trade-off Between Productivity and Environmental Sustainability in Irrigated vs. Rainfed Wheat Production in Iran [J]. *Journal of Cleaner Production*, 2018, 174: 367 – 379.

[26] Giulio Cainelli, Massimiliano Mazzanti. Environmental Innovations in Services: Manufacturing-services Integration and Policy Transmissions [J]. *Research policy*, 2013, 42 (9): 1595 – 1604.

[27] Gerard Mullaly, Niall Dunphy, Paul O'connor. Participative Environmental Policy Integration in the Irish Energy Sector [J]. *Environmental science and policy*, 2018, 83: 71 – 78.

[28] Suresh Chandra Babu, George Mavrotas, Nilam Prasai. Integrating Environmental Considerations in the Agricultural Policy Process: Evidence

from Nigeria [J]. *Environmental development*, 2018, 25: 111 – 125.

[29] Eivind Brendehaug, Carlo Aall, Rachel Dodds. Environmental Policy Integration as a Strategy for Sustainable Tourism Planning: Issues in Implementation [J]. *Journal of sustainable tourism*, 2017, 25 (9): 1257 – 1274.

[30] Helene Dyrhauge. The Road to Environmental Policy Integration is Paved With Obstacles: Intra- and Inter-organizational Conflicts in EU Transport Decision-making [J]. *Journal of Common Market Studies*, 2014, 52 (5): 985 – 1001.

[31] Nicolas Moussiopoulas, Charisios Achillas, Christos Vlachokostas, et al. Environmental, Social and Economic Information Management for the Evaluation of Sustainability in Urban Areas: A System of Indicators for Thessaloniki, Greece [J]. *Cities*, 2010, 27 (5): 377 – 384.

[32] Francesca Recanati, Andrea Castelletti, Giovanni Dotelli, et al. Trading off Natural Resources and Rural Livelihoods. A Framework for Sustainability Assessment of Small-scale Food Production in Water-limited Regions [J]. *Advances in water resources*, 2017, 110: 484 – 493.

[33] Manasi Gore, Meenal Annachhatre. Trade-off Between India's Trade Promotion and its Environmental Sustainability [J]. *European journal of sustainable development*, 2019, 8 (3): 405 – 417.

[34] Hens Runhaar, Peter Driessen, Laila Soer. Sustainable Urban Development and the Challenge of Policy Integration: An Assessment of Planning Tools for Integrating Spatial and Environmental Planning in The Netherlands [J]. *Environment and Planning B: Planning and Design*, 2009, 36: 417 – 431.

[35] Chao Feng, Miao Wang, Guan Chun Liu, et al. Green Development Performance and its Influencing Factors: A Global Perspective [J]. *Journal of Cleaner Production*, 2017, 144: 323 – 333.

[36] Naoum Tsolakis, Leonidas Anthopoulos. Eco-cities: An Integrated System Dynamics Framework and a Concise Research Taxonomy [J]. *Sustainable cities and society*, 2015, 17: 1 – 14.

[37] Michael Howlett, Joanna Vince, Pablo Del Rio. Policy Integration and Multilevel Governance: Dealing with the Vertical Dimension of Policy Mix Designs [J]. *Politics and Governance*, 2017, 5 (2): 69 – 78.

[38] Tiantian Chen, Li Peng, Qiang Wang. From Multifunctionality to Sustainable Cultivated Land Development? A Three-dimensional Trade-off Model Tested in Panxi Region of Southwestern China [J]. *Natural*

Resource Modeling, 2020, 33: 122 – 278.

[39] Christine Merk, Katrin Rehdanz, Carsten Schroder. How Consumers Trade Off Supply Security and Green Electricity: Evidence from Germany and Great Britain [J]. *Energy Economics*, 2019, 84: 104 – 528.

[40] Thomas Dietz, Elinor Ostrom, Paul Stern. The Struggle to Govern the Commons [J]. *Science*, 2003, 302 (5652): 1907 – 1912.

[41] Andreas Klinke. Dynamic Multilevel Governance for Sustainable Transformation as Postnational Configuration [J]. *Innovation-The European Journal of Social Science Research*, 2017, 30 (3): 323 – 349.

[42] Giulia Melica, Paolo Bertoldi, Albana Kona, et al. Multilevel Governance of Sustainable Energy Policies: The Role of Regions and Provinces to Support the Participation of Small Local Authorities in the Covenant of Mayors [J]. *Sustainable Cities and Society*, 2018, 39: 729 – 739.

[43] Christoph Oberlack, Philipp Lahaela, Joachim Schmerbeck, et al. Institutions for Sustainable Forest Governance: Robustness, Equity, and Cross-level Interactions in Mawlyngbna, Meghalaya, India [J]. *International Journal of the Commons*, 2015, 9 (2): 670 – 697.

[44] Xin Ma, Martin De Jong, Harry Den Hartog. Assessing the Implementation of the Chongming Eco Island policy: What a Broad Planning Evaluation Framework Tells More Than Technocratic Indicator Systems [J]. *Journal of Cleaner Production*, 2018, 172: 872 – 886.

[45] Mathis Wackernagel, William Rees. Perceptual and Structural Barriers to Investing in Natural Capital: Economics from an Ecological Footprint Perspective [J]. *Ecological Economics*, 1997, 20 (1): 3 – 24.

[46] Mark Whitehead. (Re) analysing the Sustainable City: Nature, Urbanisation and the Regulation of Socio-environmental Relations in the UK [J]. *Urban Studies*, 2003, 40 (7): 1183 – 1206.

[47] Mariola Grzebyk, Malgorzata Stec. Sustainable Development in EU Countries: Concept and Rating of Levels of Development [J]. *Sustainable Development*, 2015, 23 (2): 110 – 123.

[48] Xinyu Yang, Ping Jiang, Yao Pan. Does China's Carbon Emission Trading Policy Have an Employment Double Dividend and a Porter Effect? [J]. *Energy Policy*, 2020, 142: 111 – 492.

[49] Emrah Kocak, Recep Ulucak, Melike Dedeoglu, et al. Is There a Trade-off between Sustainable Society Targets in Sub-Saharan Africa? [J]. *Sustainable Cities and Society*, 2019, 51: 101 – 705.

[50] Jesper Raakjaer, Judith Van Leeuwen, Jan Van Tatenhove, et al. Ecosystem-based Marine Management in European Regional Seas Calls for Nested Governance Structure and Coordination: a Policy Brief [J]. *Marine Policy*, 2014, 50: 373 - 381.

[51] Joanna Vince, Britta Denise Hardesty. Plastic Pollution Challenges in Marine and Coastal Environments: from Local to Global Governance [J]. *Restoration Ecology*, 2017, 25 (1): 123 - 128.

[52] Richard Pollnac, Courtney Carothers, Tarsila Seara, et al. Evaluating Impacts of Marine Governance on Human Communities: Testing Aspects of a Human Impact Assessment Model [J]. *Environment impact Assessment Review*, 2019, 77: 174 - 181.

[53] Chiara Bragagnolo, Margarida Pereira, Kiat Ng, et al. Understanding and Mapping Local Conflicts Related to Protected Areas in Small Islands: A Case Study of the Azores Archipelago [J]. *Island Studies Journal*, 2016, 11 (1): 57 - 90.

[54] Olsson P, Folke C, Hahn T. Social Ecological Transformation for Ecosystem Management: The Development of Adaptive Co-management of a Wetland Landscape in Southern Sweden [J]. *Ecology and Society*, 2004, 9 (4): 2.

[55] Federico Caprotti. Critical Research on Eco-Cities? A Walk through the Sino-Singapore Tianjin Eco-City, China [J]. *Cities*, 2014, 36: 10 - 17.

[56] Carl Folke, Thomas Hahn, Per Olsson, et al. Adaptive Governance of Social-ecological Systems [J]. *Annual Review of Environment and Resources*, 2005, 30: 441 - 473.

[57] Brian Chaffin, Lance Gunderson. Emergence, Institutionalization and Renewal: Rhythms of Adaptive Governance in Complex Social-ecological Systems [J]. *Journal of Environmental Management*, 2016, 165: 81 - 87.

[58] Maria Manta Conroy, Philip Berke. What Makes a Good Sustainable Development Plan? An Analysis of Factors That Influence Principles of Sustainable Development [J]. *Environment and Planning A: Economy and Space*, 2004, 36 (8): 1381 - 1396.

[59] Alejandro Flores, Steward Pickett, Wayne Zipperer, et al. Adopting a Modern Ecological View of the Metropolitan Landscape: The Case of a Greenspace System for the New York City Region [J]. *Landscape and Urban Planning*, 1998, 39: 295 - 308.

[60] Richard Shaker, Sara Zubalsky. Examining Patterns of Sustainability

Across Europe: Multivariate and Spatial Assessment of 25 Composite Indices [J]. *International Journal of Sustainable Development and World Ecology*, 2015, 22: 1 - 13.

[61]　Sara Moreno Pires, Teresa Fidelis. Local Sustainability Indicators in Portugal: Assessing Implementation and Use in Governance [J]. *Journal of Cleaner Production*, 2015, 86: 289 - 300.

[62]　Janne Rinne, Jari Lyytimaki, Petrus Kautto. From Sustainability to Well-being: Lessons Learned from the Use of Sustainable Development Indicators at National and EU Level [J]. *Ecological Indicators*, 2013, 35: 35 - 42.

[63]　Ru Guo, Yaru Zhao, Yu Shi, et al. Low Carbon Development and Local Sustainability from a Carbon Balance Perspective [J]. *Resources, Conservation and Recycling*, 2017, 122: 270 - 279.

[64]　Xiaoyan Dai, Junjie Ma, Hao Zhang, et al. Evaluation of Ecosystem Health for the Coastal Wetlands at the Yangtze Estuary, Shanghai [J]. *Wetlands Ecology and Management*, 2013, 21: 433 - 445.

[65]　Margot Parkes, Karen Morrison, Martin Bunch, et al. Towards Integrated Governance for Water, Health and Social-ecological Systems: The Watershed Governance Prism [J]. *Global Environmental Change-Human and Policy Dimensions*, 2010, 20: 693 - 704.

[66]　Nianfeng Wan, Xiangyun Ji, Jiexian Jiang, et al. A Methodological Approach to Assess the Combined Reduction of Chemical Pesticides and Chemical Fertilizers for Low-carbon Agriculture [J]. *Ecological Indicators*, 2013, 24: 344 - 352.

[67]　Marit Rosol, Vincent Beal, Samuel Mossner. Greenest Cities? The (Post-) Politics of New Urban Environmental Regimes [J]. *Environment and Planning A: Economy and Space*, 2017, 49 (8): 1710 - 1718.

（三）报告

[68]　Åsa Persson. Environmental Policy Integration: an Introduction. (PINTS-Policy Integration for Sustainability). Stockholm Environment Institute, 2004.

[69]　Millennium Ecosystem Assessment. Ecosystems and Human Well-being: Synthesis. Washington, DC: Island Press, 2005.

[70]　Eric Mulholland, Gerald Berger. Multi-level Governance and Vertical Policy Integration: Implementation of the 2030 Agenda for Sustainable Development at all levels of government. ESDN Quarterly Report 43, Vienna, Austria: ESDN Office, 2017.

索 引

后　记

　　"生态优先、绿色发展"，是我国生态文明建设背景下把握生态环境质量与经济社会发展关系的最新界定，代表绿色协调发展的高级形态，凸显生态环境在绿色发展中的优先地位，旨在保持并加强生态文明建设的战略定力。生态产品价值实现是践行"绿水青山就是金山银山"的重要路径之一，是生态环境跨学科领域研究者关注的热点问题之一。本研究重点关注的问题是：生态产品价值能否实现，以及如何平衡经济社会发展与生态环境质量间的关系，进而实现"生态优先、绿色发展"的战略目标。笔者正是沿着这样一条主线，厘清这一理论路径中相关的概念及其关系。

　　定位为世界级生态岛的上海崇明生态文明建设实践努力为本研究提供了丰富的经验借鉴，使得本书中的很多设计和细节能够具象化。崇明岛位于长江入海口，长期秉持生态立岛的理念，其生态文明建设根植于中国本土社会经济结构，扎根于中国最基层生态建设实践。一方面，以当下现实问题为导向，崇明生态文明建设直面中国社会最基层的、最深层的生态环境问题；另一方面，崇明岛的历史地理与社会文化变迁也包含着中国传统哲学对于自然的敬畏，可以说崇明生态文明建设蕴含着人与自然和谐相处的传统基因。崇明生态文明建设经验是当前我国生态产品价值实现与生态优先、绿色发展进程的一个缩影，将其作为典型案例收入本书，不仅可以在理论研究的基础上提供实践案例的验证及补充，同时还能够提供极具价值的经验借鉴。

　　感谢华东师范大学崇明生态研究院对本研究的支持，提供机会让笔者参与绿色发展与生态产品价值实现的相关研究及实践中。感谢崇明生态研究院生态文明高端智库和中国行政区划研究中心提供的各项工作条件与支持，感谢研究院跨学科平台的各位专家学者的指导与帮助。还要感谢上海交通大学出版社对本书出版的支持与帮助。

　　在生态文明建设进程中，"两山"理论背景下的生态产品价值实现领域仍在快速发展，对其中生态产品价值实现的环境、经济，以及社会民生效应需要进一步分析，对生态产品价值实现水平提升的驱动力与实践路径也需要多视角地挖掘，本书的完成并不是一个终点，笔者将在未来的研究中持续探索。由于笔者水平有限，书中难免舛误之处，敬请读者批评指正。

盛蓉
2022 年 1 月